人生九问

过好一生的九大智慧

巴伦一 张杰 巴荆陵 | 著

中国传媒大学出版社
·北京·

图书在版编目（CIP）数据

人生九问：过好一生的九大智慧 / 巴伦一，张杰，巴荆陵著 . -- 北京：中国传媒大学出版社，2024.8.

ISBN 978-7-5657-3723-7

I.B821

中国国家版本馆 CIP 数据核字第 2024XR6935 号

人生九问：过好一生的九大智慧

RENSHENG JIUWEN: GUOHAO YISHENG DE JIUDA ZHIHUI

著　　者	巴伦一　张　杰　巴荆陵		
策划编辑	任红波		
责任编辑	曾婧娴		
特约编辑	陈　佳		
封面设计	济南新艺书文化		
责任印制	李志鹏		
出版发行	中国传媒大学出版社		
社　　址	北京市朝阳区定福庄东街 1 号	邮　　编	100024
电　　话	86-10-65450532　65450528	传　　真	65779405
网　　址	http://cucp.cuc.edu.cn		
经　　销	全国新华书店		
印　　刷	涿州市京南印刷厂		
开　　本	787mm×1092mm　1/16		
印　　张	16.75		
字　　数	172 千字		
版　　次	2024 年 8 月第 1 版		
印　　次	2024 年 8 月第 1 次印刷		
书　　号	ISBN 978-7-5657-3723-7/B・3723	定　　价	58.00 元

本社法律顾问：北京嘉润律师事务所　郭建平

推荐序 / V

前　言 / IX

第一章　问人生——幸福人生的智慧

第一节　坚定树立人生理想信念 / 003

第二节　不断丰富人生成长经历 / 008

第三节　勇于探寻人生独特的活法 / 013

第二章　问事业——事业有成的智慧

第一节　重视事业发展意义 / 025

第二节　做好事业发展规划 / 028

第三节　找准事业发展路径 / 039

第四节　提升事业发展技能 / 045

I

第三章　问学习——学有所获的智慧

第一节　认识学习的重大价值　/ 061

第二节　把握学习重点内容　/ 077

第三节　创新学习的重要方法　/ 084

第四章　问修养——修身养性的智慧

第一节　注重品行修养　/ 105

第二节　锤炼意志修养　/ 111

第三节　加强心理修养　/ 125

第五章　问交友——善交益友的智慧

第一节　交友作用　/ 137

第二节　交友对象　/ 142

第三节　交友规则　/ 147

第四节　交友技巧　/ 152

第六章　问管理——高效管理的智慧

第一节　自我管理　/ 163

第二节　财富管理　/ 179

第七章 问家庭——兴家旺家的智慧

第一节 家庭建设地位 / 201

第二节 家庭建设内容 / 203

第三节 家庭建设建议 / 210

第八章 问健康——身心健康的智慧

第一节 保持健康的好处 / 221

第二节 保持健康的举措 / 225

第九章 问旅行——环游世界的智慧

第一节 旅行收获 / 239

第二节 旅行意义 / 243

第三节 旅行攻略 / 247

参考文献 / 250

推荐序

春天,是一个美好的季节。

春天的美好,不仅仅在于阳光绚烂、百花绽放,更在于它给万物注入勃勃生机,令人昂扬向上。

很高兴在这个美好的春天,应好朋友巴伦一同志之邀,为他和两名青年作者共同撰写的新著《人生九问:过好一生的九大智慧》写序。

我和巴伦一同志是 30 多年的至交好友。20 世纪 80 年代初期,我们同在湖北省荆州地区农行工作。那时候,我们正处在激情澎湃的青年时期,渴望学习新知识,渴望做出工作成绩,更渴望成长进步。我们相互帮助,相互激励,共同研究、探讨各类问题。我们比着自学考试,比着写论文,比着在工作岗位上争先创优,带动了那个时期荆州农行整个机关乃至整个系统青年员工的学习和工作热情。多年后,荆州农行的老朋友们相聚时,都表示一直很怀念那个时期在学习和工作上追求上进的良好氛围。

直到 2003 年,我和巴伦一同志一直在湖北省农行系统工作。2003 年以后,我虽然调离湖北,但也始终在农行这个大系统里。可以说,我是巴伦一同志终身学习、终身思考、终身研究、终身实践、

人生九问：过好一生的九大智慧

终身写作的最直接见证者。退休前，他在不同的岗位勤奋工作，为农行的事业发展做出了重要贡献。退休后，他不懈耕耘、讲课著书，成果丰硕。我个人认为，巴伦一同志用自己丰富的人生实践，为广大青年朋友的成长、进步、修炼、修为树起了一个可学、可为的现实标杆。

十多年前，我就知道巴伦一同志在撰写《人生九问：过好一生的九大智慧》。他坚持每天早上晨思，思考的范围很广，层次很高，角度也很独特。更可贵的是，他将这些思考坚持用文字记录下来，日积月累，积累了很多篇。我和一些朋友每天都在他朋友圈里阅读他的思考札记。每篇文章都能触发思考，给人启示。有一天，我曾这样点评："人生九问的札记，记学习，记生活，记事业，记友情，记人生，记自然，记世界……严谨，深刻，富有哲理，给人启示！"

我和朋友曾多次建议他把这些文章分类整理，按不同类别集结。去年，他终于接受我们的这一建议，与两位青年一起，按照学习、事业、人生、修养、交友、管理、家庭、健康、旅行等内容分类编著，形成了《人生九问：过好一生的九大智慧》。他第一时间把集结后的每一个篇章发给我，并真诚地邀请我为之作序。我再次系统阅读了《人生九问：过好一生的九大智慧》，倍觉激动、兴奋。可以说，每一个篇章，每一份思考，都能够触及青年朋友的心底。在给他的回复中，我连说了五个好："好在立意高远，好在视野开阔，好在思维严谨，好在论述深透，好在文字隽美！"

青年在成长路上，需要一本引领人生方向的好书。记得我刚走上工作岗位时，也是满怀理想，也是满身朝气，也有一股昂扬向上的劲头。但接触到复杂的现实社会、纷繁的人际关系、繁杂而琐碎的工作事务时，有时候也会观望、疑惑、彷徨。尤其是当生活、工作、学习中遇到不顺甚至挫折时，还会产生消极情绪。那时候，我如果能读到这样一本谈论青年人生修炼修为、能够与青年朋友产生灵魂共鸣的书籍，相信我的修炼修为以及事业生活，会有更好的成就与收获。

我很高兴把这本书推荐给大家，是为序。

赵忠世

（中国农业银行总行原三农业务总监）

前言

青年是祖国的未来、民族的希望、社会与家庭的栋梁。青年兴则国兴，青年强则国强。青年正处于人的一生中世界观、人生观、价值观形成的关键时期，帮助青年扣好人生的第一粒扣子非常重要。我们从 2013 年开始撰写《人生九问：过好一生的九大智慧》，历经 10 年，十易其稿，主要目的是想为青年朋友成长提供一些可借鉴的经验教训和一些可吸收的精神营养，让青年朋友多走正路，少走歧路，不走斜路，为青年朋友健康成长垫脚铺路。垫脚石可以保护青年朋友少受伤害，铺路石可以帮助青年朋友步入正轨。青年朋友吸收这些精神营养，可以补气、健心，对他们的健康成长百利而无一害。

本书每篇札记既独立成篇，又体系化关联，共分为九大体系向读者呈现：

第一章，问人生。 从坚定树立人生理想信念、不断丰富人生成长经历和勇于探寻人生独特活法三个方面进行思考。

第二章，问事业。 从重视事业发展意义、做好事业发展规划、找准事业发展路径和提升事业发展技能四个方面进行总结。

第三章，问学习。 从认识学习的重大价值、把握学习的重点内容

人生九问：过好一生的九大智慧

和创新学习的重要方法三个方面进行思考。

第四章，问修养。从注重品行修养、锤炼意志修养和加强心理修养三个方面进行提炼。

第五章，问交友。从交友作用、交友对象、交友规则和交友技巧四个方面进行研究。

第六章，问管理。从自我管理、财富管理两个方面进行论述。

第七章，问家庭。从家庭建设地位、家庭建设内容和家庭建设建议三个方面进行论述。

第八章，问健康。从保持健康的好处和保持健康的举措两个方面进行分析。

第九章，问旅行。从旅行收获、旅行意义和旅行攻略三个方面进行总结。

本书全是干货实料，物有所值，共有 12 大价值特点：

哲思性强。本书对青年成长过程，从哲学角度进行理性思考，包括深思与浅思、大思与小思、前思与后思、正思与反思、内思与外思、对思与错思、多思与少思等。

系统性强。将青年成长过程中需要解决的各种问题与应学习掌握的各种知识整合起来，进行系统化与结构化思考，直抵本质去解决问题。多角度、全方位、各方面、长周期思考青年成长之路。

精练性强。每篇札记平均 300 多字，最短的只有几十字，最长的也不过是千字文，短小精悍，可在几分钟内阅读完成。

主题性强。一题一思，一思一记。内容集中，主题鲜明。

开放性强。作者不给唯一答案，也不给标准答案，只给参考答案。

可信性强。引用经典书籍和名人名句,确保准确,论证有理;总结人生成长的经验教训,求真务实,论据有力。

可领悟性强。深度思考,反复研究,不断探索,以理服人,引人深思,让人有感悟,给人以启迪,使人警醒。

共情性强。一切以青年读者为中心,站在青年读者成长角度进行同步、同频、同向思考,形成共鸣、共识、共享的思考结晶。

可读性强。精心打磨,用心撰写,语言简洁明了、通俗易懂、韵味独特,读起来令人心旷神怡。

朴实性强。作者以凡人之身、凡人之心、凡人之态、凡人之情、凡人之眼、凡人之语、凡人之事,思考探求青年成长的一些规律与经验,力求给青年成长提供参考。

借鉴性强。可学可思,活学活用,现学现用,短学即用,长学常用。

适用性强。本书既可对青年朋友成长思考提供帮助,也可使中年朋友受到启迪,还能让老年朋友得到一些共鸣。

本书出版的主要目的,是想帮助青年点燃健康成长的火苗,让生命在燃烧中发光发热,展现真正的人生价值。

在新的时代,努力+借力=成功,要学会借智、借势,即借力。因此,阅读本书最重要的方法是要结合自身实际,借鉴本书提供的知识,学思并举,学用结合,落地转化。要将所学知识转化为自己的理念、方法、技能、业绩与习惯,这样才能学有所获,获有所用,用有所成。

在本书出版之际,作者要特别感谢中国农业银行总行原三农业务总监赵忠世先生为本书撰写序言;感谢北京时代光华图书有限公司的大力支持；感谢本书策划编辑任红波付出的辛勤劳动。

一本真正受读者欢迎的好书，应该具有四个特征：一是点化、入脑，让读者印象深刻，能够记住；二是消化、入心，让读者乐意接受，真心认同；三是转化、入行，让读者转化行动，学后能用；四是升华、入效，让读者外化于行，内化于心，深化于根，固化于本，增知识，长本领。本书力求践行以上要求，不妥之处，欢迎读者多提宝贵修改意见！

第一章

问人生——幸福人生的智慧

第一节　坚定树立人生理想信念

◎ **理想信念是人生成功的起点**

理想是对未来事物的美好想象和希望，信念是坚信不移的想法。理想信念是人们的世界观、人生观和价值观在奋斗目标上的集中体现。理想信念，是人生成功的起点，是人生奇迹的萌发点，是人生的本和源、根和魂，也是一个人健康成长的基石。成功人士往往是从年轻时树立理想信念开始的。

◎ **理想信念是人生重要的精神支柱**

我们要把个人的理想与国家和民族的命运结合起来，激发为国家富强、企业与单位发展和自身成才而发奋学习工作的强烈责任感与使命感，为实现中华民族伟大复兴的中国梦而努力奋斗。

◎ 理想信念是人生的压舱石

在面临人生抉择时，要能树立正确的人生信念，特别是当代青年人见识广、视野宽，更应该时刻牢记责任、担当，保持恒心与勇气，这也是当代青年人需要具备的基本素养。

人生从来都不是风平浪静、一片坦途，青年人一定要走出去，保持谦虚谨慎、勇于创新、诚信立业的态度，要有担当，敢想、敢闯、敢干。

◎ 咬定青山不放松地坚持理想信念

要始终充满激情。激情是学习、工作和生活的源动力，是一个人实现理想信念、取得事业成功、保持身心愉快的关键因素。它是鞭策和激励我们奋进的动力，可以使我们不畏惧现实中遇到的重重困难和阻碍。一个人一旦有了激情，学习中必定是刻苦努力、学用结合；工作中必定是精神饱满、扎实认真；生活中必定是欢声笑语、快乐幸福；精神面貌也必定是焕然一新、朝气蓬勃。

要将立志高远与始于足下相结合。人的认识只有在实践中才能得到验证和强化，理想信念只有在实践中才能真正牢固树立起来。要立足岗位职责，坚持真抓实干，以求真务实的精神和任劳任怨的态度，勤勤恳恳地做好每一项工作，一步一个脚印地推进各项工作开展，在具体的工作实践中不断加深对理想的认识，不断坚定实现理想的信念。

◎ 人生永远值得期待

对人生充满希望的人，年龄不会阻挡其前行的脚步。

国家强盛、民族兴旺、事业有成、家庭幸福、身体健康、财务自由、环游世界等，都是我们每个人的期待。奋斗从来都不负有心人，它会把人生考卷的答案，慢慢呈现在你眼前。

人生的旅途中，多些学习、多些努力、多些坚强，少些抱怨、少些焦躁、少些悔恨，那些暂时没有实现的目标，一定会以别的形式回归你的生命之途。

让我们不断去实现理想，做到人生丰盈、收获饱满，进而给我们新的希望和信心，历尽千帆终不悔，人生永远值得期待。

◎ 明确人生目标

一个人一定要有明确而坚定的目标。目标如同前进路上的灯塔，给青年者以追求，给中年者以动力，给老年者以期盼，给起步者以鼓励，给气馁者以力量，给迷途者以方向，给奋斗者以召唤，给暗昧者以闪光，给愚鲁者以点拨，给偏狭者以明亮，给思考者以顿悟，给智慧者以启迪。

个人目标可分为生存目标、意义目标、卓越目标三个层次。青年人在学习、工作、生活中不能仅把完成生存目标当作目的，应该既要有短中期的意义目标，又要有以整个生命去完成的卓越目标，并不断为实现自己的三个目标而奋斗。哪怕穷极一生无法到达顶峰，也依旧可以了无遗憾，坦然面对。

◎ 坚定信心

如果一个人经常自我否定，自我怀疑，内心如何能幸福？事业如何能成功？别拿放大镜看自己的缺点，要善于发现自己的优秀之处。要有自信心，要肯定自己。每个人都是独一无二的个体，都有光芒四射的时刻。肯定自己，这是一个人获得人生幸福的根基。

应当知道，人生的本质原本就是苦多于乐，每个人都在成功与失败、欢乐与忧伤中反反复复，只要心中常抱持爱心、美感与理想，挫折反而是使人向上的动力，甚至成为一种救赎的力量。无论你面前是铺满鲜花的幽径，还是荆棘丛生的山谷，你都应勇敢地走下去，要知道痛苦的进取同样会带来自信，只有去追求、去奋斗、去拼搏，才能抓住机遇，不会留下终身遗憾。

◎ 不要自我设限

敢想才能敢做，敢做才能成功。

老子说："胜人者有力，自胜者强。"能战胜别人只能说有力量，但是能突破自我、战胜自我的人，才能称之为强者。人生最大的不幸，是自我设限，懂得放下心中的"不可能"，才能释放出生命的"无限可能"。

每个人都有自己的理想,在实现理想的过程中谁都会遇到挫折,但是不要放弃,要勇敢地去做。一旦打破心中的自我设限,生命的阳光必能照进我们的生活。我命由我不由天,不自我设限的人生,方能有无限可能。

孔子说:"君子不器。"君子不是一个器皿,不能只限于一种功用。君子不器,有两个含义:一是人想要成长就不能有固化思维,事物是变化的,人也要具备动态发展的眼光,反思过去,展望未来;二是人不能像器皿那样自我设限,器皿只有某一方面的用途和才能,而人应该博学多识。

有梦,就勇敢去追;有路,就大胆去闯。不敢做,不去闯,梦想,就只会是空想。

◎ 停止幻想与空想,脚踏实地

很多人都会有这样的经历,手头上还在做着事,脑子里已经开始了各种幻想。幻想我要是有超群的艺术细胞就好了,陶冶情操的同时还可以赚钱养活自己;幻想我要是有超前的商业头脑就好了,肯定早就成了成功的商人;幻想我要是买彩票中大奖就好了……生命里的大好时光,都在幻想中虚度了。幻想不是理想,过度沉浸于此,幻想只能是空想。我们只有收起幻想,坚定理想,脚踏实地,努力提升自己,理想才会变成现实。

有人说过,晚上想想千条路,早上起来走原路。说的就是有的人不去执行,只是空想。实现人生理想的最好办法,是走好第一步。只要你坚定自己的理想信念，并有出色的自律性和执行力，能够坚持自我学习与锻炼，一定能活出自己精彩的人生。

第二节　不断丰富人生成长经历

◎ 珍惜青春

时光飞逝，岁月如梭，但岁月有痕。我们与其把岁月的洗礼看成一种打磨，不如看成一种回赠。我们看过的书，经历的事，走过的地方，做出的努力，得到的收获，都汇成了岁月。

人生中贫困、疾病乃至更多困难的降临，都是命运逼迫你去创造和珍惜重新开始的机会，让你有朝一日苦尽甘来。青春仅有一次，生命仅此一回，让我们用心、用真情歌唱这美丽而又珍贵的生命吧！

◎ 学会独处

独处是人生的一种必要经历，也是考验一个人意志和思考能力的关键。每个人都应该留点时间学会独处，在独处中思考，在独处中奋发，在独处中遇见最真实的自己，回归精神的安宁，找回生命本真的快乐。

独处是做回自己。独处让心灵回归平静，让生活返璞归真。一个真正享受独处的人，能全身心地投入到喜欢的事情中，这其中的妙处，旁人未可尽知。人生最好的境界是丰富而安静，这样的境界，唯有独处时才能抵达。

独处是生命圆满的开始。不能与自己相处，就不会懂得和别人相处。拥有自我的人，才会久处不厌。我们结伴而行走过千山万水，但总有些时候还是要一个人去面对大千世界。

别畏惧独处，它能帮你划清内心的清浊，是你无法拒绝的生命历程。没有人能陪你走一辈子，所以你要适应独处；没有人会帮你一辈子，所以你要一直奋斗。

◎ 增长见识

曾国藩说："凡办大事，以识为主，以才为辅。"人做大事，见识占主导，直接决定事情的成败，然后才是能力。多走出自己的方寸之地，多去接触外面的世界，多坐下来读读书，多去结交新朋友，多丰富自己的见识，是人生最重要的成长。

当你见过大海的浩淼，高山的雄伟，天空的辽阔，体会到天地的无垠，你就会变得更加谦卑。当你见识过不同国家、民族的风土人情，你会发现，这世上的人有无数种生活，人生也可以有无数种选择。你要开始学会将眼光放向远处，懂得活在自己的节奏里，不羡慕谁，不嫉妒谁。

遇事时的不同反应，就能看出见过世面和没见过世面的人的区别。有人无论遇到多大的事，都能透过现象看到本质，然后平心静气，找到最好的处理方式。而有的人则是遇到一点点小事、难事，就会惊慌失措、自乱阵脚。

◎ 人生如戏

剧本。人生如一场戏，最重要的是如何创作自己人生的剧本。通过塑造自己的心灵，改变自己的状态，增强自己的本领，人就能按照自己的想法创作剧本，按照自己的意愿扮演戏中的主角。浑浑噩噩生活的人和认真对待生活的人，其人生剧本的内容迥然不同。

剧情。剧情如何演绎发展，完全取决于自己。想要让你的人生是一场喜剧，而不是悲剧，那就要用心去演。

主角。生旦净末丑，每个人都在人生这场戏中扮演着不同的角色，每个人既是主角，又是配角，还是观众。但自己永远是自己人生的主角，不要总在别人的戏剧里跑龙套。

俄国伟大的诗人普希金写得好："假如生活欺骗了你，不要悲伤，不要心急！忧郁的日子里须要镇静：相信吧，快乐的日子将会来临！"

◎ 人生如书

人生是一本大书，这本书衣食住行无所不包，吃喝玩乐无所不含，家庭社会无所不容，世事风情无所不存，生老病死无所不验。人生这本书的书名全由自己拟定，父辈不能安排，别人不能代替。

人生这本书的书名是人生的目标。读人生的书难，写人生的书更难。

◎ 人生如棋

世事如棋，变幻莫测；人生如棋，变化无常。人生是来应对变化的，棋观三步，人生又岂可不多备后手？人生如棋局，盈尺之地，数十棋子，演绎出变幻无穷的棋局。一棋惹来暴风骤雨，一棋引来和风细雨；一棋招来满盘皆输，一棋赢来满堂喝彩。

棋子越下越少，人生越来越短。局到残时当谨慎，棋逢险处莫慌张。

◎ 人生如海

人生起起落落，有时惊艳四方，有时却平淡无奇。一个人拥有海纳百川的胸怀，拥有海不扬波的宁静，才能镇得住惊涛骇浪；一个人拥有排山倒海的意志，才能经得起大浪淘沙。

只有坚持不懈地朝着你的理想航行，不管路途多么遥远，终有一天会抵达成功的彼岸。

◎ 人生如水

人生像水一样，能动能静，能大能小，能实能虚，能显能隐。人生有欢乐与痛苦，有追求与思索，也有成败与得失。人生如水，水是自由的，水是轻灵的，水是流动的，水是激荡的，水是飘浮的，水是坚韧的。

水凝成冰。我们要学习水那种坚韧刚强的精神。水凝成冰，愈是寒冷的环境，愈是会坚硬，其精神之强，令人敬重。

水生成气。我们要学习水那种聚气成刃的气质。气看似无形，却能聚集成力，锋利无比，其气质之坚，令人敬仰。

水聚成雨。我们要学习水那种接纳包容的修养。水聚成雨后就敞开胸怀，无怨无悔地接纳、包容万物，然后慢慢净化自己，净化地球，造福人类，其修养之好，令人敬爱。

水流成河。我们要学习水那种以柔克刚的意志。河流看似无力，自高处往下流，但毅力永恒，遇阻挡之物，可水滴石穿，其意志之强，令人敬佩。

水化成云。我们要学习水那种能上能下的心态。水既可上化为云雾，又可下化作朝露，一会儿晨霜晓露，一会儿云彩绚烂，其心态之好，令人敬慕。

水形成源。我们要学习水那种海纳百川的胸怀。水源哺育滋润了世间万物与芸芸众生，其胸怀之广，令人敬重。

水凝成雾。我们要学习水那种功成身退的境界。云雾聚拢，可化为有形之雨；云消雾散，可变得无影无踪。水雾能显能隐，飘忽于天地之间，其境界之深，令人敬叹。

◎ **人生如花**

世界犹如花园，美在百花齐放；人生犹如鲜花，美在各美其美。人生如花，虽短暂却绚烂多彩。

每个人都是一朵花，在自己的世界绽放；每个人都呈现在社会的舞台上，各自精彩，各自芬芳。人生如花，开出千姿百态。

第三节　勇于探寻人生独特的活法

◎ **不必讨所有人喜欢**

不要羡慕别人有多好的背景，有多少人脉，有多少财富，也不要羡慕别人的事业做得如何成功，我们更多的是要明白，我们到底应该如何好好地活着。

人生最好的活法：有良好的心态，有健康的身体，有热爱的事业，有幸福的家庭，财务自由，有丰富的阅历，有旅行的伙伴……吃好饭、睡好觉、听好歌、读好书、健好身，尝试各种新活法，拥有足够的好奇心，保持心情愉悦。

不要害怕自己得不到别人的喝彩，你要学会随时替自己鼓掌。要明白，路边的小草，没人照管，也在成长；深山的野花，没人欣赏，也在吐露芬芳。做事无需让所有人理解，只需尽心尽力；做人不必讨所有人喜欢，只需问心无愧。

◎ 不必盲从他人

有智慧的人，始终都能活在自己的频道上，坚定着自己的理想、追求。要想成为真正的自己，必须先做个不盲从的人。成大事者，往往有自己的观点和思考，他们既不人云亦云，也不随波逐流。

法国社会心理学家古斯塔夫·勒庞在《乌合之众》里曾说："在群体中，任何情感、任何行为都具传染性。"做一件事情，如果你没想清楚原因，不假思索就跟随别人，极大可能会以失败告终。

◎ 活在当下

感恩拥有，活在当下，这就是正确的人生态度。我们大多数人都只能在平凡的岗位上，做着平凡的事情，过着平凡的生活。

但即使如此，我们照样能够过得精彩。

只要我们眼里有光，心里有爱，爱工作，爱自己，爱家人，爱朋友，努力奋斗，认真生活，"仰不愧于天，俯不怍于人"，就是美好的人生。在不同的人生目标支配下，人们以不同的人生态度生活着。有的人总爱抱怨目前的工作和生活，殊不知你所抱怨的，也许正是别人穷其一生的追求。

唐代道士、诗人施肩吾在《西山群仙会真记》中写道："大其心，容天下之物；虚其心，受天下之善；平其心，论天下之事；潜其心，观天下之理；定其心，应天下之变。"包容、谦虚、平和、潜心、镇定，这五种态度，正是心清眼明的处世之态。

扎根本心、悦纳自己，让自己与家人过得舒心，比什么都了不起。一日三餐，和家人在一起的时光，用心地去感受，去体味，去享受，去与这个世界发生最美好的链接，这就是最好的人生态度。

◎ 放大格局

一个人之所以会痛苦，大都是因为高度不够，看到的都是问题。

一个人若总是盯着山脚看，那人生巅峰就止步于山脚；只有将眼光投向山顶，才有可能登上顶峰，俯瞰天地。

当你的人生达到一定高度时，广阔的世界将展现在你面前，优秀的人将会与你为伍，嫉妒你的人将会远去，鸡毛蒜皮的事将不被你放在心上。

一个高瞻远瞩的人总能从全局出发，做长远规划，非常清楚自己的目标是什么，知道自己想要怎样的生活，所有的心思都放在升华自己身上，心无旁骛地朝着人生目标前进。

放大你的格局，你的人生目标才会慢慢升级；提升你的高度，你的人生将大有作为。

◎ 拓展生命的宽度

一个人要以生命为基点，向内修炼自己，自觉地赋予自己有限的生命以充实的内涵，筑造生命的精神家园，体现生命的自身价值；向外适应环境，突破现实世界的种种束缚与困境，构建生命的社会生态，体现生命的社会价值。这是我们拓展生命宽度、实现人类社会和谐的有效途径，是一个人努力超越有限生命的正确途径。

◎ 重视每一件小事

人生都是由无数件小事组成的。生活与工作中，什么事会让你经常发自内心地感动？是人生中少数几件大事吗？如升职、加薪、成家立业或发财致富吗？

这些大事虽然能带给你快乐，但这种快乐往往不可持续。相反，能每天为生活中小事感动的人，才是真正生活幸福的人。比如，为早上起床时仍然活着感动，为愉悦地吃饭感动，为闻到花香感动，为读了一本好书感动，为看到一处美景感动，为遇到一个老朋友感动，为听到一首好歌感动，为每天与家人在一起感动，等等。

人生中有许多看似平平淡淡的小事，只有在失去之时，才觉得格外珍贵。岁月永不回头，好好地为当下每天拥有的小事而感动，就是唯一的人生大事，也是人生最幸福、最有意义的事。

◎ 努力做好自己的事

我们无法改变他人，除非他人愿意自我改变；他人也无法改变我们，除非我们愿意付出努力。

相信别人有力量承担他们的苦难、幸福的生活，这是对生命本身的尊重；相信自己有力量迎接人生的晴天、风雨和冰霜，这是对自我的认可和希望。

分辨清楚人生三件事：我的事，他人的事，无法掌控的事。我们不要去操心他人的事，要平静地去接受我们无法改变的事，努力去做好自己的事。

◎ 找到自己的社会钟

社会钟是由心理学家纽加滕和黑捷斯塔德在1976年提出的，是描述个体生命主要里程碑的心理时钟。

生活中，许多人仍然在寻找自己的社会钟。但无论如何，每个人都有选择自己生活方式和人生节奏的权利，都有权探索属于自己的人生轨迹。

◎ 学会给人生做减法

美国作家亨利·戴维·梭罗在《瓦尔登湖》中写道："把一切不属于生命的内容剔除得干净利落，简化成最基本的形式，简单，简单，再简单。"现代人生活在紧张、繁杂、高速发展的社会环境中，在奋斗拼搏中深感身心疲惫。

人们的生活方式已变得越来越复杂，心理负担也越来越繁重，在身、心、灵方面也越来越失去平衡。许多人要的东西太多，负载过重，疲态毕露，迫切需要断舍离。

想要断舍离，就要学会给人生做减法，减去那些看起来很诱人，但实际上不是你真正想要的东西。懂得断舍离的人什么也不缺，而且还能享受更大的自由和快乐。

年少的时候总想拥有全世界，但长大了才发现，自己需要的，只是世界的极小一部分。重要的不是拥有多少，而是要知道，什么才是人生当中最宝贵的、最需要的、最值得付出的。该断的要断，该舍的要舍，该离的要离，生活要向前走，要一点一点去掉那些纷繁复杂、虚无缥缈的东西，只保留最重要的东西。

◎ 人生的命运

所谓命，可以理解为人的基因组合。是男是女，是美丽还是丑陋，甚至有无遗传疾病，都是天生的，改变不了。所谓运，就是指人的运气。每个人的运气都不一样，有时运气好，有时运气差，这也是很难改变的。

面对这么多不能改变的事情，我们应该如何对待呢？悲观还是失望？错，那样只会让自己的处境变得更加悲苦。正确的做法是，无论身处顺境，还是逆境，都要保持快乐的心情，保持良好的心态：信命不认命，知足不满足，看透不看破，自信不自大。

信命不认命。无论命运如何，对于无法改变的事情，我们只能信命（相信命运的安排），但是不能认命（自暴自弃），而是要造命（改造命运）。比如，一个人虽然生长在平常百姓家，事业上得不到父母的助力，但可以通过自己的辛勤努力成为专家、学者或者工匠，让家人过上好日子，在自己的职业平台活出人生的精彩。

知足不满足。知足者才能常乐，面对生活的现状，要懂得知足。然而在工作中，我们一定要带着永不满足的精神，孜孜以求、不断进取、与时俱进，否则很容易被边缘化，继而被时代淘汰。

看透不看破。我们要把团队、单位、社会、人生研究清楚，做到知己知彼、百战不殆。

自信不自大。每个人都有自己的优势和长处，所以我们要充满自信。但也要明白天外有天，人外有人，我们在充满自信的同时也要谨防自大自满。

◎ 坦然面对人生的不完美

人生，从来不完美。月有盈亏，事有成败，人有离合。各有各的不足，各有各的无奈，各有各的烦忧。没必要盯着别人的生活，自怨自艾，更不要看着别人的幸福，迷失自己。不知足，会活得很累；求完美，会过得痛苦。

人生，从来不完美。关键看你以什么样的态度去面对。对于曾经的遗憾和不完美，不要太过介意，我们要学会让自己释怀，接受不完美，按照自己喜欢的方式活着，按照自己喜欢的节奏前进。

◎ 不纠缠不值得的事

离开的朋友，不值得留恋；无意义的事情，不值得去做；别人的错误，不值得生气；明天的变化，不值得担忧。简单的快乐之道，就是不与不值得的人、事、物去纠缠。

◎ 心存敬畏

我们每个人都必须敬畏法律、制度、规则、道德、规律、生命、自然，等等。敬畏，是处事态度，也是行为准则。心怀敬畏，内心便少生邪念，处事便持中端正。心存敬畏的人，心有戒尺，口有遮拦，行有所止，知道什么该做，什么不该做，才能行稳致远。

◎ 努力付出匹配收获

《周易·系辞下》讲:"德薄而位尊,知小而谋大,力小而任重,鲜不及矣。"世界就是一个天平,你付出应有的代价,才能得到匹配的东西。

一个人只能享受和他相匹配的东西,包括名声匹配才华、知识匹配能力、地位匹配贡献、功德匹配财富、收获匹配付出等。得到一件东西的最好方式,就是通过自己的努力,让自己配得上它。一旦自己拥有的东西超过了能力、贡献,就会留下祸患。

◎ 不要自寻烦恼

人的许多烦恼,往往是因为放不下、忘不掉、看不透,反复跟过去、自己、别人去较劲,结果越活越累,身心俱疲。每个人的一天都只有24小时,在烦恼的事上多耽搁一秒,快乐的时间就减少一秒。

人生路上,真正的烦恼比想象中要少得多,大多是自寻烦恼,何必为难自己,要选择过一种快乐的生活,要让美好涌现在自己的生命里,把每一寸光阴都过成自己喜欢的样子。

◎ 明辨是非

善与恶是判断是非的标准,它不分国界和民族,可以说,是非观是人类共同价值观的体现。人生经验给予我们的最大收获是拥有明辨是非的能力，这是识别一个人是否成熟的标志，是做人的基本条件。

◎ 撕掉负面标签

一些人总是看不到自己身上的闪光点，经常给自己贴负面标签，如我不行，我做不好，我能力不强，等等。其实，每个人都是世界上独一无二的存在，或许不完美，但一定不会一无是处。

◎ 抬头与低头

抬头与低头，是人生的两种姿态。为人处事，既要抬起头来，又要学会低头。能抬头是无畏的勇者，敢低头是大智慧；抬头高瞻远瞩，低头脚踏实地。

青年人要抬头眺望前行路，满怀激情，饱含希望，以自立自强的磅礴力量去追求美好明天。抬头找方向，这是成功的指引。

青年人要低头走好脚下路，脚踏实地，细耕慢耘，稳扎稳打。像《格言联璧》写的那样，"志之所趋，无远弗届，穷山距海，不能限也。"低头彰沉潜，这是成功的路径。

第二章

问事业——事业有成的智慧

第一节　重视事业发展意义

◎ **重新认知工作的意义**

获得报酬，生存发展。 工作是人们的生存发展之本，是个人与家庭的主要收入来源。因此，工作不仅仅是为老板（上司）工作，也是为自己工作，是为了养家糊口、生存发展，也是为了获得财务自由。靠工作挣钱天经地义，是很光荣的事。

先有生存，才有一切。一份好的工作带来一份好的收入，有了物质基础做保障，才能够在一定层面上丰富精神生活，也能让自己更好地投入事业发展中。同时，工作给了每个人经济独立的机会，通过付出时间和精力，我们获得报酬，然后同社会进行物资交换，以保证我们能有尊严地活下去。所以经济独立，才是我们追梦、成长、取得社会生活与事业发展的坚实基础。

获得资源、资格和资历，增添筹码。 通过工作可以获得资源、资格和资历，再用这些积累把工作做得更好或者从事更好的工作。企业大都拥有许多个体没有的资源，如资产资源、客户资源、品牌资源、文化资源、社会关系资源、科技资源等，长期在这些企业工作，就可以丰富个体的职业资历，锻炼职业技能，增添在职场上的竞争筹码，甚至获得一些职业资格。

现在社会鼓励大众创业，很多人心中也有自己当老板的冲动，但理智与现实又告诉大家，一个学生刚进入社会，缺资金、缺资源、缺经验、缺技术、缺人脉，不一定适合立即创业，失败的概率太大，搞不好可能会赔光全家的财产。那么，先就业参加工作，积累经验、人脉、资源，增加一些获胜的筹码，然后再去创业不失为一种明智的选择。

获得磨炼，完善人格。工作的本质是磨炼自己，完善人格，让我们在人生中沉稳而不摇摆。工作造就人格，通过每一天认真踏实的工作，我们磨炼了心志，逐步铸成自己独立的、健全的人格。在工作中，我们会遇到许多新问题、新难题，但是通过不断学习新知识、解决新问题，我们会随着工作成绩不断进步。每一步的成功都是一个自我实现的标杆，回首来时路，你会为自己的每一次脱胎换骨而欣喜、而感动，能够更加自信，更有力量。

获得尊严，实现价值。每个人都有在社会大家庭中被尊重的需求，工作中获得尊重尤其重要，这证明自身对企业、对团队的价值。工作的意义不仅仅是为了赚钱，更是为了实现自己的价值。努力工作获得同事的认可、领导的肯定、用户的好评、社会的承认，这是一个人成就感的主要来源。

◎ 活出职业生命意义

对一个人特别是青年人来说，很重要的是找到职业生命的意义。职业生命的意义可以有三个层次，一是满足自己和家人的生活需要；二是自我实现；三是改变世界。

一个人想要活出职业生命的意义，就要从身边的人和事开始。一是真诚对待单位的领导、同事、客户与合作伙伴，竭尽所能地为其提供帮助。二是正确处理好与同事的关系，管好嘴，能好好沟通的，就不要说话夹枪带棒；搭好台，能彼此互助互惠的，就不要互相拆台；放宽心，能退一步的，就不要去争论谁对谁错。常换位，多理解，懂包容，同事关系顺了，工作自然会完成得更加出色。三是真心诚意学习、领悟并内化为自己的学识，优化、完善自己的认知体系。四是充分发掘和利用资源，助力自我实现，回馈社会和家人。

◎ 做一个自燃型工作的人

自燃型的人，是自我驱动型的人，可以自己赋能，主动积极地工作。这类人有着由内而发的热情去面对工作和生活，不需要别人催促。在他们眼里，主动学习和工作其实是一种乐趣，而这种乐趣促进了他们的进步，进步又加深了他们的乐趣。这样的正循环使得他们在生活和工作中比较积极，更加主动，也更容易成功。

◎ 发展事业要用心、用情、用力

做事最忌讳三心二意。用心做事的一个特点就是：心里、眼里、手里、脑子里都只有这件事，没有别的事。要刻意让大脑把无关的事情和想法都清理出去，无关的事情也尽量少做，最大限度地保证时间、精力的精准投入，让自己完全沉浸在这件事情中。慢慢地，想法会产生碰撞和积累，技能也会在不断尝试和调整中进步，很多问题可能就会得到解决。

第二节　做好事业发展规划

◎ 认识职业发展规划

从时间段上看，职业发展规划分为两种：一是就业前的职业发展规划，主要是在大学阶段制订；二是就业后的职业发展规划，主要是在参加工作以后制订。这里重点讲的是参加工作以后的职业发展规划。

职业发展规划在一个人的职业生涯中起着非常重要的作用。

职业发展的动力源作用。职业发展目标会使一个人对工作抱有积极的心态，从而调动积极性、创造性；会使我们看清使命，产生动力，鼓舞斗志；会使我们觉得努力工作更有意义与价值；会使我们产生信心、勇气和胆量，不会动摇，不会半途而废；会使我们集中精力，抓住重点，把握现在。评估目前工作的成绩会帮我们激发自身潜能。

职业发展的行动图作用。目标是我们的行动指南，尤其是在面对大量繁杂琐碎的工作时，我们可以保持清醒的头脑，做出正确的判断，并在完成目标的过程中不断完善。对标职业发展目标要求，可以通过十大个人职业素质提升行动，助力职业发展规划的实现：理论知识与专业技能提升行动，职业资格证书考试行动，执行力提高行动，个人素质修养提升行动，职业潜力挖掘行动，竞争力增强行动，职业优势保持行动，优良习惯固化与不良习惯戒掉行动，职业发展障碍清除行动，团队合作精神培养行动。

职业发展的校正器作用。职业发展目标会使我们不断自我完善，持续反省校正，包括校正目标、校正计划、校正措施、校正行为、校正心态等。制订职业发展目标，有助于我们定期复盘，总结经验教训；有助于我们发挥优势，改正不足；有助于我们及时动态调整，减少工作失误或损失；有助于我们分清轻重缓急，把握重点。

◎ 制订职业发展规划

第一，自我条件分析。

职业个人条件。学历条件：教育文凭，教育经历，学业成绩。

职业证书与经历条件：如注册会计师、金融理财师、工程师、经济师、职业训练经历、专业技能、工作经验，等等。身体条件：性别、身高、体重、外貌。心理条件：性格、情绪。婚姻条件：单身、已婚、有孩子、无孩子。家庭条件：经济状况、父母期望、兄弟姐妹、家族实力、人际关系。综合条件：品德、兴趣、爱好、特长、智商、情商、逆商。

职业发展条件。职业兴趣：喜欢干什么，最少三项，根据喜好程度做好先后排名。职业能力：能够干什么，最少三项，根据能力程度做好先后排名。个人特质：适合干什么，最少三项，根据特长做好先后排名。职业价值观：最看重什么，最少三项，根据自己的价值追求做好先后排名。胜任能力：优势与劣势是什么，最少三项，根据优势与劣势做好先后排名。

职业技能条件。知道是什么：了解职业发展机会、会受到的威胁和要求。知道为什么：了解追求职业的目的、动机和兴趣。知道在哪儿：了解在职业系统中进入、培训、提升的地点、平台和界限。知道是谁：了解自己可以获得的机会、资源及其支持者。知道何时：了解职业发展的时代背景、时间安排和活动选择。知道怎样：了解和获得有效完成任务和责任所需的技能和能力。

第二，环境机会与威胁评估。

时代背景。包括对自身所处时代的政治、社会、经济的环境机会与威胁评估。国内时代背景：当今社会正处在中国特色社会主义的新时代，要实现中华民族伟大复兴等。国际时代背景：世界百年未有之大变局，全球经济一体化，科技发展与革命，局部战争，全球供应链中断风险，单边主义与贸易保护主义盛行等。

行业背景。对自己所从事的行业背景进行分析评估。行业地位：垄断行业、一般行业。行业技术：传统行业、新兴行业。行业要素集约度：资本密集型、技术密集型、劳动密集型、知识密集型、资源密集型。行业经济周期：增长型企业、周期型企业、防守型企业。行业生命周期：初创期（幼稚期）、成长期、成熟期、衰退期。行业政策：国家鼓励发展行业、限制行业、淘汰行业。行业前景：朝阳行业、稳定行业、夕阳行业。

企业与单位背景。对自己工作的单位背景进行分析评估。企业性质：国企、民企、外企、混合制企业。企业类型：非公司企业法人公司、有限责任公司、股份有限责任公司、个体工商户、私营独资企业、私营合伙企业、上市企业、非上市企业。企业规模：世界500强、大企业、中企业、小微企业。企业地位：垄断企业、龙头企业、支柱企业、一般企业、依附企业、边缘企业。企业生命周期：发展（进入）期、成长期、成熟期、衰退期。企业前景：发展方向（向好或向坏）、发展潜力（大与小）、发展竞争力（强与弱）、发展利润（盈与亏）。企业业务范围：国内、国外、国内外。单位性质：行政机关、事业单位。单位级别：科级单位、处级单位、厅级单位、省级单位、中央级单位。单位规模：小单位、大单位。单位前景：向好、向坏、扩大、缩小、合并、撤销。

区域环境。对自己工作单位所在的区域环境进行分析评估。农村、乡镇、县城、中小城市、大城市。东部沿海地区、中部地区、西部地区、东北地区、经济发达地区、经济欠发达地区。山区、平原、沿海。国内、国外。

第三，职业（岗位）发展状况研究。

职业定位：做打工人，自己做创业老板（包括个体、企业、线上、线下），自由职业者。

工作喜爱度：自己喜爱的工作，能接受的工作，不喜欢的工作，讨厌的工作。

岗位复杂度：操作岗、技术岗、复合岗、管理岗。

岗位学历要求：博士、硕士、本科、专科，或者没有学历要求。

职级升迁机会：升迁快，升迁慢，升迁机会大，升迁机会小。

岗位层级：基层岗（如网点、门店、分厂），中层岗（分公司、分支行、管理部门），高层岗（总部、集团、地市级以上单位）。

薪酬待遇：低收入岗、中收入岗、高收入岗。以基本工资为主，以绩效工资为主，基本工资加绩效工资。

职业（岗位）稳定度：长期稳定，中期稳定，不稳定，非常不稳定。

劳动合同期限：无固定期限（一般工作10年以上），指用人单位与劳动者约定无确定终止时间的劳动合同。固定期限，指用人单位与劳动者约定合同终止时间的劳动合同。以完成一定工作任务为期限，指用人单位与劳动者约定，以某项工作的完成为合同期限的劳动合同。

第四，规划内容要点。

坚持原则。一是挑战性原则：要跳起摸高，有一定的挑战性，既不能太难，又不能太易。你跳起来才能抓住的目标通常比较好；

你一伸手就能抓住的目标，对你的成长帮助不大；你尽最大力量依然够不着的目标，可能是超越了你的能力极限。二是清晰性原则：考虑实现目标的措施是否清晰明确？实现目标的步骤是否科学、可行？三是变动性原则：目标或措施是否有弹性或缓冲性？是否能依据环境的变化调整？四是一致性原则：长期目标与短期目标是否一致？主要目标与分目标是否一致？目标与措施方向是否一致？个人目标与组织发展目标是否一致？五是激励性原则：目标是否符合自己的性格、兴趣和特长？是否能对自己产生内在激励作用？六是合作性原则：个人的目标与他人的目标是否具有合作性与协调性？七是全程性原则：拟定规划时必须考虑到职业生涯发展的整个历程，做通盘的考虑。八是具体性原则：职业发展规划各阶段的路线划分与目标计划安排，必须具体化、可量化。九是可行性原则：实现职业发展目标的途径很多，在做规划时必须要考虑到自己的特质、社会环境、组织环境以及其他相关的因素，选择确定可行的目标与途径。

明确目标。青年人参加工作后，一定要首先明确自己的职业发展目标。职业发展目标包括职业发展终极目标与职业发展阶段目标。

一是明确职业发展终极目标。每个人都在工作，但并非每个人都想过这个问题：职业成长的最终目标是什么？自己这辈子想成为什么样的人？想过什么样的生活？你应该有自己的答案，这个答案可能是获得财富自由，可能是创办一家有足够影响力的企业，可能是成为一个对社会有贡献的人，可能是成为一个专家、作家、艺术家或科学家，可能是成为一个科级干部、处级干部、厅级干部。不管你的答案是什么，自我实现社会价值这些都没有错，只不过还不够明确。更明确的答案是：你对于企业、对于市场是一个不可或缺、不可替代的人才，职业的终极目标是成为各自专业领域的大师（专家、管理人才）或行家里手（专业人才）。

二是明确职业发展阶段目标。包括长期目标、中期目标和短期目标。其中短期目标一般为一至三年；中期目标一般为五至十年；长期目标为十至二十年。职业发展目标明确以后，一定要做好心理准备：对人生的期许越高，你遇到的困难可能就越大。

确定路线。在职业发展目标确定后，要选择适合的职业发展路线：是走技术型人才路线、技术管理型人才路线，还是管理型人才路线；是走专业型人才路线，还是走复合型人才路线；是走专业深耕职业发展路线，还是走跨界融合职业发展路线；是想在村镇或小城市工作，还是想去大城市打拼；等等。

此时要做出选择，以便及时调整自己的学习、工作以及各种行动计划。

分解计划。在确定了职业发展目标并选定职业发展路线后，行动计划便成了关键环节。这里所说的行动计划，是指落实目标的具体计划，主要是年度计划、半年度计划、季度计划、月度计划、周计划、日计划等。分解后的计划有利于及时实施并跟踪检查。行动计划要有相对应的措施，要分解到时段（完成时限）、项目（具体事项）、奖惩（自我奖惩），具体落实，精细管理。

◎ 实施职业发展规划

职业发展规划的实施措施，是指为达成既定目标，在提高执行力、工作效率、学习知识、掌握技能、开发潜能、监督评估、总结奖惩等方面选用的方法。

立即行动。职业规划不是做给别人看的，而是要深植于我们整个职业生涯中。有了它，我们才不至于迷失自我，庸碌一生。所以必须立即行动。

那些在职场上取得巨大成就的人往往能够制订目标、执行计划、守住目标、最终实现目标。如果一个人的目标足够明确且能持之以恒地付诸行动，成功是早晚的事。有目标和以结果为导向的人，永远都清楚自己应该如何实现目标，否则只会不断徘徊，停滞不前。这些好习惯的养成，决定了你未来的晋升和成长空间。

要时刻明确事情的优先级。其实在每个阶段或每天，最重要的事情只有一件。只有内心对每件事的优先级是清楚的，才不会慌张，尤其在接到新任务的时候，才有可能及时并高质量地完成。当困惑应该先做哪件事的时候，你可以问自己这些问题：领导说过的优先级是什么？哪件事情对整个项目任务完成起关键作用？在所有事情中，哪件事需要完成的时间节点最近？哪件事我可以更快速搞定？有没有哪件事看似时间节点不近，但后面工作量是巨大的？等等。

定期复盘。优秀的人和普通人之间的差距就在于：优秀的人能定期复盘，及时总结，时时保持头脑清醒，不断进行反思。善于复盘，善于反思，善于总结，才会不断进步，你所付出的一切努力才会发挥出最大的价值。

自己的鞋子，只有自己知道是否舒服。复盘与总结是实施职业发展规划的重要环节，通过复盘与总结可全面地了解自己过往与现在的职业发展情况，明确今后方向，总结成功经验，找到存在的问题，提高工作效率与效益。

及时评估、动态调整。职业发展规划不是一成不变的，外部环境、企业发展状况的变化，个人的成长与观念等因素都会影响我们对未来的预期。我们制订职业发展规划的目标之一是要通过职业发展实现个人价值。因此，我们要及时根据自身与外部情况的变化调整并完善自己的职业规划。

职业规划是一个动态的过程，必须根据执行过程进行评估并进行相应的修正、调整。一切偏离了规划的工作，一定要及时停止，及时止损。执行过程中需要评估的内容如下：职业发展目标评估，是否定高了，要选择递进的方式；职业路线评估，是否需要调整方向，实施策略评估，是否需要改变行动策略；职业周期评估，一般情况下，建议每年做一次评估，出现特殊情况时，要随时评估并进行相应的调整。

影响实施职业生涯规划的因素很多，有的变化因素是可以预测的，而有的变化因素难以预测。要使职业发展规划正常执行，就必须不断地对执行情况进行评估。重点是对年度目标的执行情况进行总结，确定哪些目标已按计划完成，哪些目标未完成。然后，对未完成目标进行分析，找出未完成原因及发展障碍，制订相应的解决问题的对策及方法。最后，依据评估结果对下一年度的计划进行修订与完善。如果有必要，也可考虑对职业目标和路线进行修正，但一定要谨慎考虑。

◎ 制订与实施职业发展规划的注意事项

要结合自身特点，做好自我评估。 做职业发展规划前，千万不要忽视自身的知识层面、技能与素质等诸多因素，在职业发展规划实施中，也要不断做好自我评估，及时校正。在进行一项任务的时候，你可以按这样的顺序跟自己对话：我的方案是不是最佳方案？我的工作思路合适吗？需要补充什么？我能否当作没接触过这个任务，换一个全新的角度思考这件事？我的这几个方案中，每一个环节都是必然成立的吗？假设我是方案执行者，我能接受这个方案吗？

职业发展规划要结合自己对职业意义的理解，结合自己确定的职业方向和自身特点，科学谋划，分步实施，静心修炼，砥砺前行。任何盲目追求过高目标或求全过低目标的消极做法，都是不合适的，也是不可取的。每个人都应该学会认清自己，战胜自己，超越自己，实现自我飞跃。

要瞄准企业实际。 人不但是社会人，还是企业人、组织人。从这个属性出发，一个人在规划自己职业生涯时必须保持个人职业发展规划同企业、组织发展目标一致。如此，才能找到更好的舞台，施展自己的才华，才会有丰厚的土壤，不断培植自己的职业之树。

切忌急功近利。不能以片面的"功利"标准来制订职业发展规划。如为了暂时的功利目的,宁可抛弃自己所学的专业与特长,这种心理可能会使你得到一些眼前的利益和满足,但从长远发展来看并非明智的选择。要端正成功理念,走致富正道。

学会不断学习。一个人只有树立学习、学习、再学习的思想意识,不断学习,并且付诸行动,才能不断进步,不断提高自己的素质和技能,不断完善、充实自己的职业发展规划。

保持充沛的精力。一个萎靡不振的人,面对工作任务,他可能未做先说难;一个精力充沛的人,他的潜力是无穷的。一个人要学会自己走出思想阴影,保持旺盛的精神状态,才能果断跳出自身职业挫折的影响。

告别个人英雄主义。没有完美的个人,只有完美的团队。再强大的人,也需要团队。在职场中,与更专业的人合作,越合作,越有成效。要紧紧依靠团队的力量,充分利用术业有专攻的客观事实,让你所负责的工作成果达到最佳。在接手一项工作的时候,你可以这样跟自己沟通:这件事,通盘都是我擅长的吗?有哪个环节是我不擅长的?一定有人比我更擅长,我可以跟他合作,向他学习。我现在就联系他,请他帮忙,得到的成功果实,我要与他分享。

◎ 做长期主义者

宋朝词人张孝祥说:"立志欲坚不欲锐,成功在久不在速。"

真正的成功，属于长期主义者，哪怕他一开始的坚持遭到了很多人非议，但最后取得成功的，都是能够坚持做下去的人。

坚持长期主义，就是做时间的朋友。长期主义者做事不期速成，会花时间去攻克一个难题，这意味着坚持。但坚持又是一个巨大的难题，很多失败都是因为没有坚持到最后。做一个长期主义者，并不容易。

◎ **开阔眼界，提升境界**

境界与眼界相互关联。眼界决定境界，眼界是境界的前提。人们用井底之蛙比喻眼界狭窄，用追求蝇头小利比喻境界低微，用高瞻远瞩来形容一个人站得高，看得远。当一个人的思想境界达到一定高度时，他就能摆脱狭隘和庸俗，有更大的理想、抱负和人生目标。"谋大事者首重格局。"决定格局的，是视野与眼界。

第三节 找准事业发展路径

◎ **成长之路**

做人为先。 先做人后做事，做人靠本分，做事靠本领。一个人要有孝心、爱心、责任心、信心、忠心、诚心、热心……要修炼人品，要守住底线。

梦想为魂。不忘初心，方得始终。我们要树立理想，坚定信念，勇于追梦，并把梦想变为现实，制订并严格实施职业发展规划，为实现职业发展目标而奋斗。

平台为基。好的职业平台有好的团队、好的文化、好的模式、好的体制、好的管理、好的资源，等等。要充分利用自己所在的职场平台，学习专业知识，掌握职业技能，积累人脉资源，开阔眼界，增加竞争筹码，让自己成为无人替代、无法替代的人才。

成长为根。拥有成长型思维的人，把生命看成是一个不断向上的过程，把每一次失败都当成一次成长，不会轻言放弃，而且愈挫愈勇，所以他们也更有可能获得成功。

营销为策。在新的时代，无论你是否从事营销行业，每个人都应该学习、掌握营销本领，营销自己，营销企业，营销客户（前台服务客户，中后台服务前台），营销产品（前台直接营销，中后台保障营销），让领导、同事、客户（外部服务对象或下级服务对象）、朋友认可你、信任你、支持你。

当代青年，必须具有新"七商"：情商，高效社交与营销能力；智商，学习与领悟能力；职商，从专心、专注、专业到专家；逆商，抗压与坚毅能力；搜商，信息情报搜索能力；爱商，热爱自己的学习、工作、生活、单位与家庭能力；财商，财富管理与经营管理能力。

管理为本。包括知识管理、目标管理、时间管理、资料管理、健康管理、压力管理、自我管理、团队管理等。

激励为王。自我激励是一个人迈向事业成功的引擎。每实现一个目标，都要及时给自己以奖励。比如，来一次说走就走的旅行，给自己放几天假，与家人或朋友吃一顿美食，购买自己想买未买的东西，看一场电影，等等。

行动为道。不行动一切都等于零。目标、规划、计划确定以后，要及时制订行动路线图，包括找准方向、制订目标、分解计划、立即行动、监督检查、动态调整、总结复盘、奖励处罚、持续发展，并严格付诸行动。

◎ 发展之路

知己支柱。每一个事业成功的人背后都会有两三个贴心知己为他出谋划策，搭桥铺路，助他成长。知己既能为他的事业发展当好参谋，有时候还能起到心灵港湾和精神支柱的作用。

对手鼓舞。竞争对手的存在既可以促使一个人不断提升自身的知识水平和业务技能，还能进一步激发自己的斗志、勇气，以此来更好地应对竞争。

他人督促。做事业需要他人来督促、成就。他人的督促，会让你时时刻刻保持警觉、清醒、谨慎，以便少犯错、不犯错。没有他人督促的人，通常容易自满，容易妄自尊大，容易迷失自己。

家人帮扶。一个人的学习习惯、品行、素养、爱好等，都和家庭息息相关。家庭是一个人事业的基石，事业是一个家庭的依靠，家庭和事业在某种程度上起着相辅相成的作用。

自我奔赴。事业成功要经受三个考验：困难、挫折、失败。事业成功要树立三种精神：劳动精神，勤劳、吃苦、奋斗；专业精神，一门深入，长时熏修，精于此道，以此为生；炼剑精神，使命必达，奋不顾身，将职业技能炼进自己的剑里。

◎ **图强之路**

社会上并不是机会均等的，一个普通人想要成功，就一定要走图强之路，主动把握各种机会。如果只是被动等待机会，那最大的可能就是被淘汰。懂得走图强之路的人，才是勇于担当的人，才是能够为自己、为家人扛起生活重担的人。

◎ **前行之路**

成功的道路并不总是一帆风顺，需要你付出很多努力。我们常常会羡慕那些能够在某一领域出类拔萃的人。殊不知，每个成功者在他看似光鲜亮丽的成就背后，其实都曾默默独自前行。努力了不一定有收获，但不努力一定不会有收获。想要让自己事业发展得更好，唯有踏上征途，不断前行。当我们一步一步向前走的时候，就会发现，其实每走一步，都能将下一步的路看得更清楚。事业发展的道路可能会遇到艰难险阻，但不要气馁，更不要轻言退缩。学会转换思路，而后一直向前，步履不停，脚踏实地，方能到达星辰大海。

◎ 换路

人在前行中总会遇到挫折，但那不是绝路，也许只是在提醒你：该换路了。当一条路走不通时，试着换个角度去看，换种方法去做，换条路来走，说不定事情就会简单许多。不撞南墙不回头的固执并不是优点，及时转换才是大智慧。在特定的情况下，懂得适当地放弃，又何尝不是一种优秀的品质。

条条大路通罗马，一个人通往成功的道路并不只有一条。有的时候，那条路上交通堵塞，十分拥挤，或者道路损坏严重，难以通行，这时你若换条路来走，无疑是明智之举。

◎ 半路

"行百里者半九十。"在事业成功之前，我们都要走过一段漫漫长路。走到半路，也许是我们感觉最困难的时候，这时如果半途而废，就会前功尽弃，功亏一篑。

◎ 下坡路

谁都希望自己永远都走在上坡路上。但人生路上，有上坡就有下坡，有上升就有下降。面对人生路上的下坡路，有两种态度都是不可取的。一种是灰心丧气，意志消沉，放弃奋斗，虚度年华；另一种是不愿意吃苦去爬坡登山，宁愿走舒适、轻松的下坡路。我们对待人生下坡路的正确态度应该是，勇攀上坡路。当迫不得已开始走下坡路的时候，一方面要及时止滑，防止一滑到底，另一方面要有逆风翻盘的勇气和行动。

◎ 退路

良好的成长环境是我们每个人所期望的，但假如世界不曾对我们温柔以待，也未必是一件坏事。最好的退路，就是无路可退，不逼自己一把，你永远不知道自己会变得多么了不起。

很多时候，有些人无法成功，就是因为他们身后有退路，使得他们瞻前顾后，左顾右盼，裹足不前，对目标轻易放弃。爱拼才会赢，有的时候，我们需要勇敢地斩断自己的退路，才能集中精力，勇往直前，为自己赢得出路。

◎ 斜路

一个人在职业发展道路上，一定要走好人生每一步，千万不要走斜路，更不要违法犯罪、违规乱纪。否则，不仅会毁掉自己的一生，也会对社会、对家庭造成危害，最终身败名裂，倾家荡产，追悔莫及。一定要算好四笔账：

要算政治账。一个人若违法犯罪或违规乱纪，一旦受到法律制裁和纪律处分，会失去所有的名誉、地位，职业生涯会受到影响，很难再得到提拔重用。

要算经济账。有的人在职场上贪得无厌，利欲熏心，贪污受贿，谋取不义之财。东窗事发后，不但不义之财会被追缴，甚至倾家荡产，竹篮打水一场空。

要算饭碗账。如果一个人被判刑或受到严重纪律处分，职业饭碗就被自己砸破了。如金融监管部门对违法乱纪的金融干部就有个处罚，叫终身禁止金融从业资格，也就是开除"行籍"了，任何金融行业的金融机构都不能再录用该人员。

要算名节账。有的青年干部曾经是家庭的骄傲，社会的宠儿，被鲜花簇拥、光环罩顶。但因为没有把握住自己，在大是大非面前没有坚持原则、守住底线，最后导致身败名裂，令人痛惜。

因此，要常在河边走，始终不湿鞋。不走斜路，永远坚守五大底线，即法律、道德、制度、风险、饭碗。这五大底线就是青年成长的高压线，绝对不能触碰。

第四节　提升事业发展技能

◎ 要负责任地工作

梁启超曾说："人生于天地之间，各有责任。知责任者，大丈夫之始也；行责任者，大丈夫之终也；自放弃其责任，则是自放弃其所以为人之具也。"

责任包含两种含义：一是任何人在社会生活中应承担的角色义务，属于道德范畴；二是个人对自己的不良行为应承受的后果，属于法律范畴。

责任是一种使命，是一种压力，是一种追求。每个人在事业发展中，都应当做好自己能做的分内之事，履行自己应该承担的责任。做到知责于心，担责于身，履责于行，承责于果。我的工作任务我负责，同事的工作协助我有责，全企业的工作完成我尽责。

◎ 要树立顶层设计工作观

顶层设计是指站在宏观的角度、全局的高度，用长远的眼光、系统论的方法去设计整个工作。它源于工程术语，本义是统筹考虑项目各层次和各要素，追根溯源，统揽全局，在最高层次上寻求问题的解决之道。具体地说，它是对工作各方面、各层次、各要素、各环节、各阶段的统筹规划，使工作运作顺利，以集中有效资源、高效快捷地实现目标。

可以想象你在起草一个五年规划、开发一个新产品、做一个活动策划方案、办一场大型展览等，都需要顶层设计。缺少顶层设计，便是指做事情没有长远规划，只看到自己手头的事，或只看到部分，没有看到全局。

◎ 要用作品思维工作

作品思维，是指做任何工作都要输出自己的好作品。我们工作中做的每一件事情，都可以看成一件件作品：小到发一个会议通知、填一张表格、做一个PPT、主持一个会议、做一次沟通，大到推动一个重大项目、组织一场重要活动、做出一个关键决策、起草一个重要文件，等等。你需要对外输出的东西，都可以把它当作作品来呈现。

你可以思考一下：在你的工作中，有哪些需要你产出的作品？这些作品是需要重复性完成的，还是一次性任务？是创新性的，还是规范操作性的？是短期使用的，还是长期起作用的？是宏观的，还是微观的？是全局性的，还是局部性的？是内部使用的，还是送往外部的？

作品思维有三大好处。

提升意义感。如果一个人能将自己每一项工作都当成自己的作品去看待，工作便不再是走流程、走过场，工作变成了他与自己产生深层次连接的途径。不要小看这种意义感，有意义感与没意义感的人，状态差别是巨大的。一个人对一件事情越投入，就越能产生意义感，这种意义感反过来又会滋养他，让他更加投入，产生更多的意义感。这是一个正循环。

提高自我要求。作品如人品，当你将自己的工作当成作品时，你自然要更多地考虑作品的影响，包括内部影响与外部影响、短期影响与长期影响、正面影响与负面影响、个人影响与团队影响等，你会自觉或不自觉地提高自我要求。有作品思维的人，会认真对待自己工作上的每一件事，会将每一个项目当成自己的作品来对待。

作品可变现。这是作品思维的增值效应。当你能够将一件件工作都变为一件件作品时，不仅可以完成你的工作任务，而且还有可能变现。如果将自己做的工作看作作品，在你完成这件作品的那一天，你的身价就提高了许多：你收获了很多显性与隐性的知识及能力的提升；你可以在本企业、系统里或国家有关部门申报奖励；你可以将这件作品申请专利；你可以在不涉及保密制度限制的前提下，将其打磨为一套版权课程，对外变现；你还可以在不涉密、不侵犯知识产权的前提下将其总结为一篇文章，发布在报刊或自媒体，或者汇集成册，公开出版发行，既能让读者受益，又有版税收入，还能获得更多的关注，名利双收。

◎ 要打好工作基本功

基本功就是一个人从事专业业务和经营管理的基本知识、基本技能、基本动作。任何一个时代，真正的高手都是在默默下笨功夫，只有那些平庸的人整天四处找捷径。打好基本功，万事变轻松；漠视基本功，到头一场空。扎实练好基本功，你的事业发展就会顺利得多。

◎ 要构建自己可迁移的底层能力

在互联网与物联网时代，如何构建自己可迁移的底层能力非常重要。底层能力有两个显著特点：足够长板，可迁移。发掘自己的底层能力，可以让我们在面对不同行业、不同企业、不同单位、不同环境、不同项目的时候沉着有序、快速应对。

底层能力不是凭空而来的，而是在既往经历中沉淀出来的。这就需要我们做到以下几点：在过往的经历中深度思考，有针对性地沉淀自己的思路和方法；定期梳理，构建自己强大的知识体系；发掘自己擅长的能力点，有针对性地做深做精；可以通过不同的项目验证自己底层能力的可拓展性，让底层能力真正可迁移。

◎ 要培养底层逻辑思维能力

底层逻辑是事物最底层、最本质的逻辑。思考问题或现象背后的底层逻辑，能让我们举一反三、融会贯通，看问题时更加通透。多思考一些底层逻辑，就等于看清了很多现象与思维模式背后那双"看不见的手"，因此也就有了从纷繁复杂的世界中看透本质的可能。

◎ 要专心致志地工作

集中精力做好一件事情。 专心致志是一个人事业发展中不可多得的好品质。专心致志能让思想更集中，使效率更高、效果更好。

做事业就应该坚定信念，一心一意、全心全意、一往无前地走下去。我们要始终清楚自己的重心所在，始终专心致志、锲而不舍地去实现职业发展目标，收获我们想要的结果。

把工作做到极致。极致才是专业化的核心标志。怎么去实现做到极致？先把事情做对，再把事情做好、做深、做精。这样就可以在细分领域达到别人难以企及的高度。

◎ 要细致地工作

人生就像招投标，虽然准备了好久，但有可能会因为一点小小的失误，全盘皆输。成就越大的人，越是如履薄冰、细致工作，唯恐一着棋错，满盘皆输。

怎样才能细致工作？

一是实施项目管理。对工作既要有长期目标，又要有阶段性的计划分解，运用项目管理的方法来推进工作。作为管理者，这是把工作做细最有效的方式之一，千万不要做问题对付型的管理者。

二是有通盘和大局思维。做工作和思考问题跳出自己所在行业、企业、单位、部门、系统，站在更高的角度来考虑。

三是树立死磕精神。某项工作推进很困难，长期来说一定要解决，那就一点点去做，虽然进展慢，但不要放弃。

四是创新工作。对现有工作流程、工具、方法的持续改善和创新，日日新，月月新，年年新。

五是精细化管理。跟进项目时，掌控进展，跟进及时；解决问题时，方案全面深入，力求彻底解决问题，不浅尝辄止，不敷衍了事。

六是提出新方案。比如某项工作，许多人一直用某个方案来应付，自己要大胆提出突破性的解决方案。

七是敏锐性思维。当某个问题长期存在，大家都已习惯，这时候自己要敏锐地提出来问题认真加以解决。

八是一专多技。在工作中往往需要多项技能，因此，你不要给自己设限，一定要多学习，多掌握技能。

九是熟悉业务。熟悉某个行业、某个领域、某个专业的工作，对行业、领域、专业内的趋势、信息了如指掌。

十是系统论方法。对某项工作，能够总结出一套系统的方法论，并持续完善。

◎ 要分清主次地工作

在这个快节奏的社会里，许多人感觉自己每天都在忙忙碌碌，可一天下来，又不知忙了些什么，就这样日复一日，逐渐进入了瞎忙的怪圈。许多人以为，只要快节奏地做事，就能创造高效率工作。殊不知，分不清楚事情主次的忙碌，只会降低工作效率。

意大利经济学家帕累托的二八定律认为：在任何一组东西中，

最重要的只占其中一小部分，约 20%，其余 80% 虽然占多数，却是次要的。在工作中，要想行稳致远，就得将注意力集中在 20% 的重点上，才能拨开云雾见月明。

◎ 谨记熟能生巧

熟能生巧，巧能生精，精能生妙，妙能入道。熟练是因，精巧是果；学是前提，习是关键。检验学习成果的唯一标准，是有没有把理论运用于实践的能力。可能许多人都有过这样的经历：有些知识点，明明感觉自己已经学会了，可到了实际运用时，又会变得似懂非懂，力不从心。根本原因就在于，学得还不够扎实，练得还不够刻苦。持久练习才能够让你熟能生巧，运用自如。在学和用、熟和巧之间，还有一条很长的路要走。

在工作中，我们常会羡慕那些拥有高深学问或精湛技艺的人。但等到有一天，当我们终于通过辛勤耕耘在某个领域或某个专业取得一定成果后，就会发现，成功离不开熟能生巧。

◎ 要高效率地工作

效率是什么？效率 = 目标 × 能力 × 速度，即找到对的目标，拥有达到目标的能力，还有具体做事情时的速度。

找到对的目标。当你的目标不对时，一切努力都是徒劳。如果工作目标错了，所有努力都是南辕北辙，结果将会适得其反，得不偿失。找对目标，是高效率工作的前提。

拥有达到目标的能力。有了正确的目标，接下来还需要超强的执行力。对个人来说，执行力就是办事能力；对团队而言，执行力就是战斗力；对企业来讲，执行力就是经营能力。个人执行力的标准，就是按时按质按量完成自己的工作任务。入门级执行力，靠模仿；专业级执行力，靠训练基本功；高手级执行力，靠训练自己的软硬件，实现多技能的组合。

千方百计提高速度。聚焦要事，梳理日程，随机应变，要三线并进：专注主干线，做好重点工作；依靠自动线，积极主动工作；巧用第三线，借用外部力量。

◎ **要勤奋努力工作**

努力奋斗不是外在压力逼迫你去工作，而是自己内心对职业发展有更进一步的渴望，是一种积极向上的工作态度。人活着就要努力，事业发展路上没有不努力就能获得的东西。努力不是非要做出什么伟大的成就，而是尽力让自己和家人过上幸福的生活。

◎ **要跨界融合发展**

当今时代，有两类人的事业发展成功率较高：一类人是专业人才，一生只做一件事；一类人是跨界王，跨界融合发展。

产业跨界融合，对于职场人士来说，是一种职业发展多元化的机会与挑战。在市场竞争日益激烈的情况下，职场人士通过跨界融合可以获得更大的职业发展空间，并使自己更有市场竞争力。

◎ 要勇于担当

担当从来都不是一句口号，担当不仅有助于推动自身事业发展，建立良好形象，提高竞争力，还有助于维护社会稳定、和谐。

◎ 凡事先动脑

凡事先动脑，会让你一直保持学习与思考的状态。用理智战胜冲动，凡事多思考、多观察、多听取不同意见、多提出几个方案。总是依赖从别人嘴里获得答案，这个习惯的可怕之处在于你会逐渐丧失思考的能力。欲速则不达，行动前的策划与谋略非常重要。

当自己的想法和大众不同时，要冷静思考，不要立即否定自己的意见，也不要急于采用别人的建议，要寻找客观信息来辅助判断。对于一片赞扬，听不到反对声音的事情，不要急于下结论，应该在自己的脑海里，让思路飞一飞，研究一下内外环境与工作任务，然后再决定是否该去做。

◎ 多选难一点的事做

为什么要多做难一点的事呢？因为简单的事意味着门槛低，容易被替代，难的事有准入门槛、资质限制，意味着更少的竞争者和更多的资源，单位时间能撬动的资源更多，因此给予我们更宽广的维度发展自己。

容易的事，许多人都能做，同质竞争会导致各方竞争激烈。劳累身心是其次，同质化的事务让自己成长受限才是最大的危机。

门槛决定高度，难度大意味着价值大。做难做而正确的事，每次面临重大选择的时候，一定要选更难的、不容易被替代的那一个。因为从心态上说，你知道它的难度，所以你就会更审慎地对待它；从结果上来说，你也会学习到更多的东西。

◎ 向有经验的人请教

在工作与生活中遇到问题，如果自己没有更好的解决办法，不如向有经验的人请教，这样才能少走弯路。

◎ 做一个千里马

在职场中，不多学习一门知识，不多掌握一项技能，不多拥有一项特长，很有可能就会错过一个又一个机会。有人说，我只是缺一个伯乐，那首先要知道，自己是不是一匹真正的千里马。

人最大的缺点不是无知，而是明知道自己的无知，却依旧选择不思进取。

◎ 试一试

你还没试一试，怎么就知道自己做不到？如果试都不试一下，就认定自己不行，那是对自己极端不负责任，也是懦弱的表现。我们可以失败，但不可以不战而逃。有谁天生就精通某个领域，擅长某个专业？不过是在一次次尝试中，总结经验，吸取教训，渐渐熟练，慢慢强大起来的。

世上没有人天生做任何事都能成功，很多人都是在一次次摸索后，发现自己擅长的领域，进而努力去争取成功。只有试过以后，才知道自己能不能做到。在没试之前，别急着否定自己，多给自己尝试的机会，才会有奇迹发生，相信会有甘美的果实在等着你来采摘品尝。人类所有伟大的成就都来自三个字：试一试！

◎ 遇事冷静处理

工作中难免会遇到一些不如意的事情，如果在遇到不如意的事情时就变得暴躁，那只会让事情变得更糟。学会冷静处理问题，是一种智慧。面对工作给予我们的考验，学会摆正自己的心态，冷静处理，才能有效地解决问题。在事业发展过程中，被人误解、非议都是在所难免的事。应该以何种态度面对这些事，可以反映出一个人真实的智慧。有时候，遇到不开心的事，发脾气是我们的本能，但能控制自己不发脾气才是本事。人在气头上，往往无法控制自己的情绪，这样不仅不能解决任何问题，反而会让自己陷入情绪的困境中。

◎ 不找借口

一个人越成功，就越不愿意找借口。许多在事业中没什么成就的人会找各种借口和理由。而成功的人往往不找任何借口，在他们看来，如果他们做不到，那就是他们的问题。

一旦你开始清楚地认识到你的事业是由自己创造的，你就可以把它设计成你想要的样子。你把所有的权力从过去指责你的人那里夺回来，比如你的老板或上司。然后你就有权力做出你想要的任何改变，比如你的单位、你的环境、你的坏运气等。

成功人士从不抱怨。他们从不为结果找借口，也不责怪任何人，除了他们自己。这正是使他们获得自由、帮助他们获得自己想要的生活的原因。

◎ 懂得知止

"名与身孰亲？身与货孰多？得与亡孰病？甚爱必大费，多藏必厚亡。故知足不辱，知止不殆，可以长久。"老子在《道德经》里告诫人们，只有懂得适可而止，才能获得长久平安。

人这一生，特别是在步入社会后，时间和精力都有限，能够付出的东西也越来越少，许多人赌不起，也输不起。及时止损是最理智的决定。在错误方向上的坚持付出，都是沉没成本。

第三章

问学习——学有所获的智慧

第一节　认识学习的重大价值

◎ 学习是人生的头等大事

学习改写人生。在人生的所有阶段，你都必须明白，学习是人生的头等大事，是一个人不断发展进步的重要基础。读书不是万能的，但在现代社会不读书是万万不能的。一个人如果长期不读书，必将被社会边缘化，甚至淘汰。没有人一生都会照顾你的生活，没有人会为你的未来买单，没有人会对你的人生负责。你必须对知识有一种内生的、爱不释手的、如获至宝的、融进血液的热爱，把学习当作人生的首要任务，努力学习，刻苦学习，践行学习，创新学习，持续学习，终身学习，逼自己发挥出最大的潜能。

学习益于成长。学习是一个人的刚需，对人生成长大有益处。它可以帮助我们增长知识、提升素质，丰盈内心、提升品质，扩大见识、提升气质。持续学习，将使我们终身受益。

学习助力工作。一个人参加工作以后，学习的价值更加重要。通过学习，我们可以增加知识，防止焦虑恐慌，应对职场以及新行业、新领域、新市场、新客户、新技术、新产品、新技能、新风险、新管理、新团队、新法规、新制度、新体制、新监管等变革的挑战。通过学习，我们可以提升技能，完成工作任务，实现事业发展"四升"：升级，即提高专业技术等级；升职，即晋升职务；升薪，即工资、奖金或分红增加；升值，即增大职业价值与市场价值，让自己成为市场上的"紧俏人才"。

学习消灭无知。所谓的"读书无用论"绝对是大错特错的。有的人喜欢把"读那么多书，有什么用？"挂在嘴边。这样的人无知、无识、无才、无能，对读书有一种天然的"仇视"，一生都很难成功。而成功的人多把读书当作人生成长的阶梯、职场竞争的筹码、生存发展的基础、快乐生活的源泉、滋养生命的甘泉、驱散黑暗的阳光。读书不是立竿见影的速效药，它对人的影响是潜移默化的。

学习提升认知。"你永远赚不到认知以外的钱"，这是近年来很流行的一句话，也体现了认知能力的重要性。有的人一生都活在自己构建的世界里，人生犹如戴上了枷锁，自我封闭。认知能力引导着人的行为，影响人生的发展走向，决定一个人的上限。认知能力是一个人的谋略、思维、格局、境界。一个人能不能成事，能成多大的事，很大程度上取决于认知的高度。只能看到短期利益的是庸者，懂得长期谋篇布局的是能者，能够借力、借智、借势的则是智者。

◎ 学习是实施人才强国战略的重要举措

人才强国，学习为本。没有学习力，就没有人才力，也就没有科技力，更没有生产力。读书影响着一个国家文明和文化发展的走向，要想成为现代化强国，除了读书，还真的找不到其他路径能加强学习，提高国民素质。没有知识，就掌握不了核心关键技术，就会被别人"卡脖子"；没有知识，就没有社会经济的进步和发展；没有知识，就不能实现中华民族的伟大复兴；没有知识，就不能使一个国家繁荣昌盛。青年兴则国兴，青年强则国强。人才是第一资源，是兴邦富国之本，是推进强国建设、民族复兴的强大动力。

读书，不仅能让我们树立正确的理想信念，还能增加知识、增长智慧、增添技能，让我们与时代同步前行，成为企业的行家里手、社会与家庭的栋梁、国家的人才、民族的希望。周恩来总理"为中华之崛起而读书"的精神，需要我们代代相传。

◎ 学习是传承中华民族优秀传统文化的必然要求

优秀传统文化，是数千年文明演化集成的一种反映民族精神特质和风貌的文化。中华优秀传统文化积淀了中华民族最深沉的精神追求，是中华民族独特的精神标识。它为中华民族提供了生生不息、发展壮大的丰厚土壤，涵养和培育了中华民族的宝贵精神品格和崇高价值追求，激励着中华民族历经千锤百炼而愈加坚强。

知来处，明去处，学习并传承中华民族优秀传统文化，能更好地构建中国精神、中国价值、中国力量。正是中华优秀传统文化的代代传承，使得中华民族虽历经磨难却坚强屹立，中华文明虽饱经沧桑却薪火相传。

观成败，鉴得失；明是非，知兴替。优秀传统文化，既是中华民族的共享记忆，也是我们与历史的精神接续，更是我们坚定文化自信的强大底气。

◎ 学习带你通向此生最好走的光明之路

学习，是一个人此生最好走的路，也是世上最光明的路。书本，就是人生成长的基石；知识，就是改变人生的武器；学习，就是取得成功的必经道路。好好学习是我们看世界的途径，别在该学习的时候贪图安逸，别等被生活敲打时才发现读书有用。

◎ 知识是宝贵的人生入场券

知识是宝贵的人生入场券。青年人要取得这张入场券，只有两条路径可走。

上大学，成人才。读大学，本质上是给你一次接触更大平台、更高圈子、更多资源的机会，在那里有可能获得文凭、知识、信息、资源和人脉。青年人好好上大学真的很重要，让你至少有机会和见识比你更广、才华比你更出众的人认识，甚至同台竞争。也许这种机会不能保证你站上巅峰，但大概率能保证你不会跌入谷底。

靠自学，成人才。如果没有考上大学，也不要气馁，还可以通过自学成才取得这张宝贵的人生入场券。世界上有一些杰出的人才，没有进名校甚至没有机会上大学，他们靠的就是建立在高度自觉基础上的刻苦自学。北宋文学家欧阳修四岁丧父，家境贫寒，母亲用荻秆当笔，在沙地上教欧阳修读书写字。欧阳修自幼酷爱读书，常从别人家借书抄读，通过刻苦学习，成为唐宋八大家之一。

就像作家林语堂所说："一个人有读书的心境时，随便什么地方都可以读书。如果他知道读书的乐趣，他无论在学校或学校外，都会读书。"

◎ 学习是一种高回报的投资

学习带来更多的机会。学习既能使我们掌握科学知识、职业技能，又能丰富我们的精神世界，还能给我们未来创造更多的机会，如选择职业平台、职场升迁、跨界融合发展、创业发展等。它能内化为讲文明、明是非、善思考、能抗压的优良品质，转化为高修养、高学识、高技能的人才素质，甚至有可能改变我们的人生。有的人少时无知，不懂学习重要，后来长大了，知道自己落后了，才后悔莫及；还有的人满足现状，停止学习，不思进取，最终错失很多人生的发展机会。

学习带来更广阔的职业前景。学习是一个人用最低成本得到最高回报的投资。通过不断地学习，无知、焦虑、疲倦、固执会被稀释，而见识、见解和见地，却会一点点增加，带来更广阔的职业前景。

◎ 学习是更新迭代的阶梯

学习能增加知识储备。美国著名政治家、科学家本杰明·富兰克林说得非常好："没有准备的人，就是在准备失败。"学习就是一种准备。书籍是知识的记录，是历史的载体，是文化、思想集大成者的传承。读书是学习自己没有的知识，能扩展视野，探索全新的世界，了解未知的事物，也能帮助你寻找问题的答案。

读书能不断提升自我。读书本身就是一个提升自我的过程。英国哲学家弗朗西斯·培根曾经说过："读书不是为了雄辩和驳斥，也不是为了轻信和盲从，而是为了思考和权衡。"清代名臣曾国藩说："人之气质，由于天生，本难改变，惟读书则可变化气质。"日积月累，你的气质谈吐、胸襟格局，一定会有所不同。

学习能助你持续迭代。微信、支付宝、电脑、芯片等科技产品需要不断迭代才能保有竞争力，每个人也需要持续迭代来增强竞争。读书可以让我们不断进步、持续迭代，跟得上时代的步伐。

◎ 学习是打造自身竞争力的高明之举

学习能增强自身安全感。行业可能会衰退，机构可能会撤并，企业可能会倒闭，就业可能会失业，创业可能会失败。一个人的安全感，来自有勇气去面对未知、迎接挑战、承担后果，以及具备终身学习的能力、精益的专业能力、可迁移的底层能力。从书本里和社会实践中学习知识，学会做人，把知识装进大脑，让技能掌握在身，才有安全感。学习能力、创新能力是我们立足未来五年、十年，甚至更长岁月的根本能力。

学习提高自身竞争力。当我们在意识上开始重视读书时，将打开一个全新的世界。用读书为我们的成长赋能，用读书增添我们的事业本领，用读书打造我们的终极竞争力，用读书绽放我们的生命之花。读书要按照自己的需要，适合别人的不一定适合自己。不必盲目相信别人的眼光，也不必过分低估自己的选择。

这世界上，越是成功的人，越热爱读书。那些说没时间读书的人，多是因为潜意识里不重视阅读，不知道阅读能够带给我们宝贵的东西。我们花费在读书上的每一分钟，都在不断让自己变得更有价值。读书是提升自我价值、提高核心竞争力的最好方式。

◎ 学习增加赢在职场的筹码

学习力乃万力之源。学习力决定竞争力。在提升专业知识与技能、深耕主业的前提下，陌生领域的知识会带来更广阔的视野、更全新的思维以及更多的跨界融合出路。这些都提醒我们，新时代的学习也很重要。

学习增加职场竞争筹码。关于成功，有这样一个公式：A+B+C+D+E+……＝成功。比如，十个人同是北京大学的本科毕业生，大家都具备一个A。小张通过学习，三年以后拿到了复旦大学硕士学位，多了一个B，又经过两年学习考下了注册会计师资格，多了一个C，接着还拿了金融理财师资格证，又多了一个D……在职场竞争中，一个人的竞争筹码越多，竞争对手就越少，成功概率就越高。在学习上，每个人都要用加法，活到老，学到老，不断通过学习来增加竞争筹码，最终才能有所成。

学习能够攒足与生活博弈的资本。世界上从来就没有什么救世主，更没有什么命中注定，命运掌握在自己手中。学习能让我们成长、蜕变、增值，进而让我们攒足与生活博弈的强大资本。

◎ 学习是抵御未来风险的坚硬盾牌

守者淘汰，变者发展。过去人们常说"三十年河东，三十年河西"，现在是"三年河东，三年河西"。"颠覆""迭代""打破"这些词频频出现，意味着守者淘汰，变者发展。在这个时代，每个人都无法做一个事不关己的旁观者，必须努力学习，勇于创新，敢于归零。

牢牢握住自己的"铁饭碗"。这里讲的"铁饭碗"，是指一个人的生存发展能力，无论时代如何发展，社会如何变革，职场如何变化，自己都能够生存、发展。如今，激烈的市场竞争，快速的技术迭代，使得某些企业或组织生命周期变得更短，人和企业或组织的关系也变得越发松散。以前的职业比较稳定，而现在的职业变化不确定性大大增强。在这个不稳定、不确定、复杂多变的时代背景下，有什么变化都不奇怪。没有绝对安全的终身职业平台，能给自己"铁饭碗"的唯有自己。

怎样牢牢握住自己的"铁饭碗"？调整心态，认清自己，持续学习，更新迭代，增强可迁移能力。我们通过学习增加知识与技能，可以获得很强的可迁移能力。那么，无论遇到什么时代、行业、市场、企业或组织波动，我们都可以平静而坚定地说："我不怕！"

赢在学习。新时代拼什么？学、整、借、变。学：赢在学习。不学习，必落后。诸多问题，皆因不会学习、知识滞后、信息对接失败造成。整：整合资源。你能整合多少资源，整合多少渠道，整合多少人才，你就能得到多少事业发展机会。借：借势、借智、借力。善于借势、取势，方可造势。变：胜在改变。世界变化如此之快，顺应潮流，与时俱进，持续创新，跟上节奏，方能成就自己。

◎ 学习是现代人生存的基本需求

学习是基本生存需要。三年不学习，落后一代人。十年不学习，人与人之间就不是代沟，而是鸿沟了。读书学习已成为现代人生存的基本需求,即生存发展,保住饭碗,不失业或者失业后能再就业(创业)。如果你不学习掌握基本的专业知识与技能,就没有立身之本。

学习是获取生存发展所需知识与技能的有效方式。一个人必须拥有稳定的生存发展基础,才能够抵御人生的艰难困苦以及命运的当头棒喝,才能够让自己生活得有意义、有价值,在更高层面审视自己的人生。

学习是关键时刻的救命稻草。人应该多学点知识,多经历点事,多长点见识。那些曾经学到的本领、经验和智慧有一天也许会化作救命的稻草拯救我们于生活的各种危难之中。努力学习这个词也许很平常,但努力学习终将使我们的人生受益。

◎ 学习是改变人命运的良好机会

每个人的一生都会有许多重要机会,比如通过奋斗(勤劳苦干)改变命运,通过机遇(如改革红利、新产业、新商业)改变命运,等等。但是,要把握这些重要机会,学习是前提,因为,没有相应的知识和技能,机会来了你也抓不住。

学习让人生梦想成真。人生之所以变得充满期待,是因为我们永远怀揣梦想。我们不断学习,持续努力,是为了让自己的未来多一些可能,给自己的人生多一些惊喜。人生岁月漫长,学习助力我们梦想成真。

学习是一个平等的机会。实事求是地讲,在这个世界上,人与人之间不可能是绝对平等的。有的人一出生就含着金汤匙，而有的人刚来到人间就饱受风霜。学习可能是人生为数不多的平等机会，也是你能抓住发展机会的最好方式。我们所期待的美好未来，取决于努力学习的现在。

◎ 学习是提升自我价值的最佳途径

作家毕淑敏说："书不是棍棒，却会使人铿锵有力；书不是羽毛，却会使人飞翔；书不是万能的，却会使人千变万化。"我们也许没有办法决定自己的家庭出身和生活环境，但是每个人都可以终生学习，自己塑造一个优秀的人格，实现个人素质的提高、职务职称的升迁、专业技术的升级，进而实现自我价值的提升。

一个人读书的厚度，影响着他人生的高度。作为一个普通人，如果能始终坚持读书学习，就可以不断丰富知识、开阔眼界、完善人格，最终迎来广阔的人生道路。

◎ 学习是打开世界之门的智能钥匙

读书，能让我们接触不同的人生，体验不同的情绪，观看不同的世界，开阔视野，培养独立思考的能力。书读得越多的人，站得越高，所看到的世界就越广阔，就可以不再把复杂的世界看成简单的对错、黑白、好坏，不再用自己有限的知识粗暴地判断无奇不有的复杂世界，而是用智慧去认识世界、研究世界、了解世界，与世界和谐共处、共生共荣。如果不学习，智慧的大门就难以推开。不读书的人，即便你走遍了全世界，也不一定能看懂这个世界。

◎ 学习提供丰盈内心的精神营养

英国戏剧家莎士比亚曾经说过："书籍是全人类的营养品。"法国作家雨果也说："书籍便是这种改造灵魂的工具。人类所需要的，是富有启发性的养料。而阅读正是这种养料。"书籍是载体，读书是传承，是与自己心灵的对话，也是自我成长。

书中的精神营养，可以抚慰我们的沮丧与寂寥、脆弱与迷茫，激励我们的斗志。如司马迁"人固有一死，或重于泰山，或轻于鸿毛"的生命观和价值观，苏轼"一蓑烟雨任平生""也无风雨也无晴"的人生观，钱福"我生待明日，万事成蹉跎"的时间观，袁枚"苔花如米小，也学牡丹开"的格局观，等等。中华文化，历久弥新，滋养了一代代人，使中华民族生生不息。

◎ 学习是丰富生命体验的不二法门

读书的意义，就藏在读过的每一本书里，是一个人每次都能身临其境的美好生命体验。正如作家余华所说："我对那些伟大作品的每一次阅读，都会被它们带走，当我回来之后，才知道它们已经永远和我在一起了。"我们每天都可以抽出一些时间，去曹雪芹的大观园"散步"，去吴承恩的花果山上"旅行"，去施耐庵的水泊梁山"观景"；我们可以与杨沫一起聆听林道静的《青春之歌》，与迟子建结伴去《额尔古纳河右岸》看萨满跳神舞，与青年朋友们共同学习《雷锋日记》，通过路遥的小说去看看孙少安和孙少平两兄弟《平凡的世界》，走进梁晓声的《人世间》，看看近五十年来中国社会的发展变迁；我们也可以瞬间穿越，到刀耕火种的远古，到驼铃声声的西域，到白雪皑皑的雪山，到一碧万顷的草原，到无边无际的大海。读书越多，人生的生命体验就越丰富。阅读一本书，就意味着经历了一种可能的生活；阅读一千本书，就意味着经历了一千种可能的生活。很显然，阅读在丰富我们生活体验的同时，实际上也拓宽了我们生命的宽度。

◎ 学习是让人快乐的第一好事

"读书之乐乐何如，绿满窗前草不除。""读书之乐乐无穷，瑶琴一曲来薰风。""读书之乐乐陶陶，起弄明月霜天高。""读书之乐何处寻，数点梅花天地心。"这是宋代诗人翁森在《四时读书乐》中描绘的意境。读书让人心情愉悦，灵魂丰盈，内心安宁。我们可以从阅读中领略人生智慧，体验精神上的愉悦，提升眼界格局，享受阅读带来的幸福感。阅读是少有的能给人以直接快乐的渠道。所以作家金庸说："只要有书读，人生就幸福。"

"世间数百年旧家无非积德，天下第一件好事还是读书。"为什么说第一？因为读书是一个人知识的来源。在漫长的人生旅途中，读书是我们生活中幸福的时光。读书是一种乐趣、雅趣、志趣。持续学习的人，就像随身携带了一个充电宝，随时随地都能补充能量，缓解压力。

◎ 学习是疗愈自己的最好药方

西汉文学家刘向说："书犹药也，善读之可以医愚。"人们在生活的道路上，总能遇到各种各样心灵和情绪的困扰。总有人说，自己也很想读书，但每天要工作和照顾家人，已经很累了，根本没有精力和时间再去读书。其实，学习也是一种很好的休息和养身，是疗愈自己的药方，阅读一部好书，有放松心情和疗愈心灵的功效。你可以从阅读中增强信心，克服困难；你可以从阅读中缓解压力，恢复精神；你可以从阅读中治愈创伤，获得慰藉。书籍是疲惫生活里的一丝慰藉，也是平凡人生里的一丝光亮。

◎ 学习是非常健康的生活方式

不断地读书，可以让自己的生活更加充实，可以从读书中汲取别人的经验、总结自己的成败得失，建立、完善自我认知。一个人若是不学习，认知就会变得狭隘，看待问题时就可能一叶障目，很难做出正确的判断；一个人开始读书，就能开阔眼界，极大地丰富生活，增长看世界的眼界，不断提高生命的质量。

◎ 学习是广交朋友的平台

读书是一个识友和交友的过程。在现实生活中，我们常常会遇到书友、笔友、文友等朋友，并且通过老朋友，又能认识新朋友。营销行业的成功者有一个很重要的大数法则，即"200法则"或"2000法则"，说一个人至少要拥有200个以上的人脉资源，多的话可以拥有2000个以上的人脉资源，这样一来，事业成功的概率就会大大增加，这叫"东方不亮西方亮"。没有人脉量，就没有业绩量，这个法则也适用于其他领域。所以，青年人要充分利用学习这个平台来不断发展自己的人脉关系，扩大朋友圈，连接更多的社会资源。

◎ 学习吃苦，终身受补

读书虽苦，但终身受补。有的人年少时常常蹉跎时光，走入社会才发现，曾经不愿吃学习的苦，到头来就会吃更多生活的苦；有的人大学毕业后害怕吃苦，放弃继续学习，当社会变革大潮到来时则茫然无措。读书，未必能让我们的人生登高攀顶，却能让我们少吃些苦头。

读书要读好书，有选择性地读书，不能什么书都读；读书要好读书，要把读书变成一种习惯，并且要终身坚持。成功人士都知道学习的重要性，更懂得通过学习改变自己的命运。当你被生活打回原形，陷入泥潭时，读书会给你一种强大的精神力量。

◎ 立身以立学为先

北宋文学家欧阳修说:"立身以立学为先,立学以读书为本。"学习永远在路上,学习永远没有终点。人和人最大的区别,就是愿不愿学习,会不会学习,能不能长期学习。人的身体是硬件,知识和智慧是软件,没有受教育和学习,人就像没有开化一样。

◎ 学习与不学习相差的是整个人生

学习与不学习,相差的是整个人生。就像作家余秋雨所说:"阅读的最大理由是想摆脱平庸,早一天就多一份人生的精彩;迟一天就多一天平庸的困扰。"

一个人学习与不学习,短期内看不出任何差别,七天看不到任何变化,一个月也看不到什么差距。但是一年后会看到话题不同,三年后会看到气场不同,五年后会看到距离不同,十年后会看到道路不同,二十年后会看到圈层不同,三十年后会看到结局不同。

这个世界根本不存在"学不会""不会学",只有"不想学"和"不要学"。美好的现在与未来从努力、勤奋、学习开始。

第二节　把握学习重点内容

◎ 读经典书

经典书是人类智慧的结晶。经典书是世界文化遗产，是人类智慧凝缩的精华。它们是在各个领域中，经过历史选择出来的经久不衰的传世之作，同时也是最有价值的书。经典作品，就是历史长河中一束永不消逝的阳光，是我们人生永恒的导师。

每读一次经典书，都会有不同发现。意大利作家伊塔洛·卡尔维诺说："经典是这样一种著作，它永远不会完结它所要述说的东西。"经典书，是一座无穷的宝藏，每次都会带给你新的发现与惊喜，而且在人生的不同阶段读它们，会有不同的收获与感受，使人受益无穷。

读经典书，读的是作品，更是自己。读经典书，能让我们对自己的人生不断进行复盘、反思，它会潜移默化地改变我们的胸襟、眼界和气质，提升我们的格局和气量，滋养我们的精神，塑造我们的灵魂，点燃我们的梦想。

◎ 读历史、哲学书

读史书可以帮助我们启迪智慧，培养正气，读懂人性，陶冶情操，开阔视野，积累知识。观今宜鉴古，鉴往知来，少走弯路，以史为纲看大势，以史为鉴知更替，以史为鉴正衣身。清代名臣左宗棠就是这样读史书的，他说："读书时，须细看古人处一事，接一物，是如何思量？如何气象？及自己处事接物时，又细心将古人比拟。设若古人当此，其措置之法，当是如何？我自己任性为之，又当如何？然后自己过错始见，古人道理始出。断不可以古人之书，与自己处事接物为两事。"

读哲学书好处多多。一是可以提升我们的思辨能力，也就是思考辨析能力。所谓思考指的是分析、推理、判断等思维活动；所谓辨析指的是对事物的情况、类别、事理等的辨别分析。哲学思辨可以帮助我们在实践中辨别是非，选择更正确的方法，深入地理解问题的根源，帮助我们形成自己的科学看法，达到更理想的结果。二是可以帮助我们建立一套认识世界的坐标系。桥水基金创始人瑞·达利欧在《原则》一书中说："不管我一生中取得了多大的成功，其主要原因都不是我知道多少事情，而是我知道在无知的情况下自己应该怎么做。我一生中学到的最重要的东西是一种以原则为基础的生活方式，是它帮助我发现真相是什么，并据此如何行动。"这个原则其实就是我们的人生观、价值观和世界观，这就是我们认识世界的坐标系。三是可以提高智慧，丰富见解。从哲学书籍中我们可以学习别人思考与解决问题的方式，从而逐步完善自身的知识体系，帮助我们正确地思考与解决问题，还能带来观察世界的新视角。四是可以增强创新能力。否定之否定是哲学的基本规律之一，它揭示了事物的发展是前进性与曲折性的统一，这说明事物的发展是螺旋式上升和波浪式前进的。否定之否定规律的原理对我们正确认识事物发展的曲折性和前进性、不断增强创新能力具有重要的指导意义。五是可以增强自我修养,改善生活习惯。学习哲学知识,能够更好地认识自身的缺点,发挥自身的优势,更好地发掘自身潜力,让自己变得更加完善。

就作者喜好,推荐以下书籍:《中国通史》《史记》《资治通鉴》《古希腊神话》《希波战争史》《伯罗奔尼撒战争史》《理想国》《利维坦》《论法的精神》《社会契约论》《梦的解析》《猜想与反驳》《客观知识》《科学研究纲领方法论》《从逻辑的观点看》。

◎ **读专业书**

术有专攻,业有所长。专业书是职场人士必须认真学习并读懂会用的专业书籍。教材、专著等都是专业书。

◎ **读法律书**

法律与每个家庭、每个人的关系都非常密切。法律就是人们行为的规范,人们的工作学习和衣食住行都离不开法律的指导和约束。青年要健康成长,必须读好法律书,掌握基本的法律常识和职业需要的专业法律法规,用法律武器武装自己。通过学好法律,懂得法律,进而敬畏法律,遵守法律,用好法律。

学法才能知法。在我们生活中,法律无处不在。当我们的人身权益受到不法侵害的时候，法律会保护我们；而当我们的行为触犯法律的时候，法律则会惩罚我们。一个青年人一定要清醒、深刻地认识到，违法犯罪成本是极其高昂的，是自己难以承受的。它害自己、害家庭、害企业、害同事、害社会、害国家。学习了法律知识，才知道什么是合法，什么是违法，什么是犯罪；才能树立法制观念，增强法律意识，培养法律素养；才能学会分辨是非，识别善恶；才能知法、懂法、遵法、守法、用法、护法，承担法律责任与义务，成为适应社会发展需要的合格公民。

学法才能守法。青年正处于成长时期，自我控制能力相对较差，再加上社会经验欠缺，遇到问题容易冲动，无法冷静思考，做出正确的判断，很容易误入歧途。特别是当自尊心受到伤害或自己的利益与他人利益发生冲突时，容易失去理智，导致违法犯罪。这就要求青年人要充分运用所学的法律知识，严格遵纪守法，只做合法的事情，不做违法的事情，自觉地履行法律规定的义务，用法律规范来指引并约束自己的行为。

学法才能用法。只有学习并掌握了法律知识，才能依法办事，依法维护自身权利，依法同违法犯罪行为作斗争。依法办事是社会稳定、经济繁荣和人们在法制社会生活的基本要求。如在经济领域工作的人，就必须严格按照《中华人民共和国民法典》《中华人民共和国公司法》《中华人民共和国外商投资法》《中华人民共和国外资企业法》《中华人民共和国税法》《中华人民共和国证券法》《中华人民共和国反垄断法》等法律办事，否则就会引起法律纠纷，造成经济损失，甚至违法犯罪。

◎ 读科普书

读科普书不仅对小孩有帮助，对青年人的好处也很多。

增长科学知识。科普书通俗易懂，由浅入深，适合普通大众阅读。通过阅读科普书，我们可以了解更多的科学技术知识和日常生活常识，增加自己的知识储备，还能形成正确的科学观，培养科学素养。

提高认知能力。科普书通常以通俗易懂的语言和图片呈现，帮助我们更好地理解科学知识与技术，更好地认识世界。科普书最大的好处，就是打破了我们的原有认知，以新的角度和方法，让我们清晰地知道事情的科学道理。我们生活中的每个决定，都取决于认知，如果我们能站在更高的层次拥有更广阔的视角，更完整、更透彻、更科学地认识这个世界，就能做出明智的决策。

培养好奇心。通过阅读科普书籍，我们可以了解世界的奥秘，进而培养想象力和好奇心，迸发真正的创造力。

提高思维能力。科普书籍往往会提出许多问题，引发读者思考。阅读这些书籍可以帮助我们提高思维能力。要真正学会解决问题，还得从拆解和分析问题入手。而这样的思路，在科普文章中得到了非常好的体现——科学家发现问题、分析问题、得出结论的过程，有一套非常严密的逻辑思考、推理论证体系在支撑。

◎ 读外文书

有一定外语阅读基础或正在学习外语的人，可以多读一些外文书，特别是外文原版书。

可以扩大外语词汇量。词汇学习是外语学习的基础。只有在掌握了一定词汇量的基础上，我们才能培养和发展外文书的听、说、读、写等技能。

可以培养外语语感。阅读外文书是培养学生语感的最直接、最基本的方法。读得多了，语感就慢慢产生了。有良好的语感，才能更好地突破语言的障碍。

可以了解其他国家的风俗文化，开阔眼界。语言与文化之间存在着密不可分的关系。语言是文化的结晶和载体，文化又影响着语言。通过阅读，我们可以了解到不同国家的历史、地理、政治、经济、文学、哲学、宗教、科技等，不仅促进了外语的学习，还增长了知识，增加了阅历，丰富了生活，有助于我们开拓视野，培养积极乐观的生活态度。

可以增进人际关系。从某种程度来说，学习语言很自然地会附加学习当地文化，结交不同国家的朋友。

对职业生涯有帮助。你的简历上如果多一项外语技能，可以增加录用机会。

◎ 读闲书

闲书并不是一无是处。作家汪曾祺就曾谈过闲书与杂书的好处：第一，这是很好的休息。第二，可以增长知识，认识世界。第三，可以学习语言。第四，从杂书里可以悟出一些写小说、写散文的道理，尤其是书话和画论。适当地读一些闲书，使自己的知识面更广，眼界更开阔。

读闲书，可以拓展自己的认知边界。 人生的多重境界来自认知范围的不断拓展。每个人都是自己思维的囚徒，个人对世界的看法取决于认知边界。很多人喜欢读小说，是因为可以在小说中去过别人的人生。

◎ 读纸质书

随着科技的进步，纸质书不再是唯一的阅读媒介，但作者偏爱纸质书。

读经典书最好是选择纸质书。 读经典书的时候你会思考，你也可以反复翻阅，有时候可能会读两三遍，甚至若干年后再来重读。并且每次阅读的感受、标注和批注都会不一样，这样，你还可以在读过的经典纸质书里找到自己思考的记忆、成长的痕迹。同时，在读经典书时，需要一个相对安静、比较完整的时间，比如读半个小时，哪怕读一刻钟，有时甚至读一两个小时，沉浸进去，这样比较好理解它的内容。所以，读经典书使用纸质书更方便一些。

读纸质书可以怡情养性。纸质书让人有一种握在手中的真实感。有的人特别喜欢触摸纸质书的感觉、聆听书页翻动的声音、闻到沁人心肺的书香。很多人读书是为了怡情养性，这就跟有的人长期坚持健身训练一样，他并不觉得这是一个负担。有时候读书，需要在一个很舒服的图书馆或茶馆里，或者在家里，自己坐在书房的窗前，慢慢地去品味，去体验，去感受。在这种情况下，纸质书的效果会更好。

第三节　创新学习的重要方法

◎ 掌握知识体系

知识体系，是管理科学技术名词，是描述特定专业知识总和的概括性术语。它是根据一个系统化思维结构进行持续不断地知识积累，从而构建起来的体系。一个人的思维结构中分认知、框架、理论、方法、工具等不同的层次。合理的知识结构是人才成长的基础。我们通过掌握知识体系，可以更好地、全面地、完整地理解问题、解决问题，这是符合现代社会职业岗位要求的必要条件。

一般来说，构建一个知识体系，需要经过七个步骤，即广泛学习、建立脉络、重复梳理、延伸思考、应用实践、不断复盘、构建体系。只有经过这样一连串由点到面、由浅入深、由此及彼的学习与实践过程，知识体系才能构建起来，成为我们自己的东西，受用终身。

丰富与职业方向适配的、立体的知识体系，在知识面和视野上要足够宽广，在自己的目标专业领域要有足够的纵深。以企业经营管理、金融、投资、咨询等职业为例，应该建立一个复合式知识体系，核心知识体系是：政策＋行业＋产品＋管理＋资本＋科技应用知识＋职业技能；辅助知识体系是：法律＋文史哲，儒释道＋健康＋艺术＋养生。核心知识体系是最关键的：政策知识包括财政税收、货币金融、产业、环保、资源、能源等；行业知识包括行业特征（行业的成本结构、行业的盈利水平、行业的产品可替代性、行业的依赖关系）、行业生命周期、行业内竞争、行业要素集约度（资本密集型、技术密集型、劳动密集型、知识密集型、资源密集型）等；产品知识包括产品理论、产品利益点、操作应用、产品渠道、产品迭代、产品创新等；管理知识包括团队管理、财务管理、经营管理、风险管理等；资本知识包括实物资本、货币资本、无形资本、可变资本、不变资本、固定资本、流动资本等；科技应用知识包括科技平台运用、大数据运用、人工智能运用等；职业技能包括从事本职业的专业理论、专业知识、专业技能等。

◎ 做好读书笔记

在读书时，写读书笔记是训练阅读的好方法。读书要做到：眼到、口到、手到、心到。手到就是读书笔记。

好记性不如烂笔头。俄国作家列夫·托尔斯泰要求自己：身边永远带着铅笔和笔记本，读书和谈话的时候碰到一切美妙的地方和话语都把它记下来。读书笔记的好处显而易见，它不但可以帮助记忆，弥补脑力不足，积累有用材料，有效提高读书效率，而且做笔记还会产生新的思考，有利于发现新问题、研究新问题。

通常，读书笔记有以下七种类型：

摘录式笔记。它可以帮助我们学习重点知识。主要是为了积累词汇、句子和素材。在读书时把自己需要的语句、段落、资料等准确无误地抄录下来。摘录原文后注明出处，包括书名、作者、出版单位、出版日期、页码等。摘录笔记可供日后熟读、背诵和运用，也便于引用和核实。

提纲式笔记。通过编写一本书的内容提纲，我们可明确其主要和次要的内容，掌握全书的框架结构。这种做法，对提高自己写作的谋篇布局、整体思考能力非常有帮助。

剪贴式或粘贴式笔记。它可以帮助我们积累大量素材。在自己订阅的书籍、报纸、杂志、网络上看到有用的资料及时剪下来或复制下来，经过整理做剪贴式或粘贴式笔记。这种方法收集材料快，也很简便。进行剪贴式或粘贴式笔记时要按不同的内容分类。可以准备本子，或者建立若干个电脑文件夹，把专业知识、管理知识、科技知识、文学知识等内容分门别类粘贴进去。每一条剪贴或粘贴的内容可以注明出处、时间，即剪贴自哪一种书籍、杂志、报纸或网络，哪一年哪一期等。短小的剪贴笔记也可以作为读书卡片的内容。

心得式笔记。心得式笔记也就是读后感。这种笔记伴随着一个人的终身成长，不仅在学校，甚至在几十年的职业生涯中，都会用到。在读书之后把自己的体会、感想、收获及时写出来，记下自己感受最深的内容。心得式笔记可以写读书时的心得体会，也可以对原文的某些论点发表自己的见解。

概括式笔记。这种笔记可以锻炼一个人的概括能力。读了一本书或一篇较长的文章后，可抓住主要内容，把它缩写成短文，化繁为简。

化用式笔记。化用就是在不改变原作者基本观点的情况下，通过语言形态的改变把精彩语句化为己有，融入自己的文章中。化用的内容本身既可以成为素材，也可以使文章的语言更加生动形象，富有文化底蕴。

仿写式笔记。仿写是难度较高的一种方法。既可全文仿写，也可针对书中出现的好句子、好段落进行适当的仿写、嫁接。应当注意的是，仿写不是照抄，是在写作形式上借鉴范文的写法，但在写作内容与词句上进行大胆创新，具有鲜明的个性特征。

◎ 学习之路

将书本的知识转化为自己的东西,需要经历四个阶段,这也是我们的学习之路。

理解意思。读书仅仅是读懂字面意思肯定是不够的,我们要理解字面信息的内涵。要做到这一点,必须开动脑筋,进行认真思考。只有这样,才能真正理解作者的本意,掌握书籍的核心思想与科学方法。

辨别真伪。几乎每本书都有作者价值观的影响,有些书还会受到时代的局限,其观念和方法不一定适合当今所有人。我们读书不可以照葫芦画瓢,要结合时代特征和自身情况来读,要多独立思考,明辨事物的真相。要先从原著开始,看看作者的观点;再延伸视野,向内、向外看,看看作者的观点与方法正确与否;最后,归纳总结,找出规律,做出理性判断。

开始行动。学习的真正目的在于指导我们有效地行动,而不仅仅是知晓知识或方法。因此,在读懂、理解并辨别真伪之后,还要联系自己的实际,进行认真思考,做到知行合一。相对于理解,这一步也是个不小的挑战。因为这需要从知到行,真正地付诸实践。要做到边学边用、常学常用、活学活用。

检验成效。最后,我们需要通过行动后的复盘来检验学习成效。按照我们理解的书上的精神或方法去实践,然后通过不断复盘,看看哪些地方奏效了,哪些地方不管用。如果奏效了,要分析真正起作用的因素是什么?是运气,还是自己真正掌握了事物的内在规律？对于行动效果不好、不管用的地方，更要认真分析原因，看看是自己没有真正理解，还是书上所述的思想或方法有其适用条件。

◎ 学习之法

把好的理念和方法大声朗读出来，背下来。记得小时候背唐诗，只是死记硬背，根本不懂得其中的道理，但几十年过去了，那些优美句子依然刻在脑海里，时不时便浮现出来，这就是朗读与背诵的优点。

学习在于日积月累。"九层之台，起于累土"，一年365天，每天进步一点，掌握一个观念、记住一个要点、做好一段笔记，每月坚持，最后一定会取得很大的成效。

学习要敢于和善于提问。学习中要敢于提问，善于提问，提出不同的问题。一方面带着问题去学习，从书中找答案；另一方面，要在学习中提出问题，从实践中寻求答案。

学习要体会与反思。切己体察，事上琢磨，然后有所得。通过结合自身实际，反思自己在学习、工作与生活中的经验教训，来学习消化新知识，这样记得更牢，学习效果更好。

学习要坚持复习与转化。我们通过对知识的消化，可以让其转化、升华为自己的理念、方法、技能、模板、业绩与习惯。

一个人既要勤于读书，还要善于读书。

读。读书就得从"读"开始，不仅可以默读，还可以朗读。

同时还应勤于思考，边读边思考可以帮助理解和记忆书本的内容。

画。画出不懂的字词和有疑问的地方，以及一些重点内容，以便集中精力读懂、理解。还可以画出好词佳句，以便进一步品味和运用。

查。查字典与资料，遇到生字词或不懂的内容，及时查字典和有关资料，努力理解书中的内容。

问。自己实在理解不了的问题，可以多问老师、专家和他人。学问学问，不懂就要问。

议。多与老师和朋友们一起交流、讨论阅读的体会，取长补短。

写。要坚持写好读书笔记，把书本的主要思想、方法或自己阅读的心得体会写下来，以便在工作和生活中运用学到的知识。

◎ 学习之技

向老师学。多参加企业或社会上的各种培训，包括线上培训与线下培训，多听专家、老师讲课，可快速提升专业知识水平与综合业务技能，且少走弯路。

向领导学。特别是身边直接领导的眼界与境界、经营管理水平、专业技能、团队管理能力一定都有其过人之处，平时要多观摩学习。

向同事学。多找几个身边的同事作为标杆来学习，包括专业标杆、管理标杆、技术标杆、写作标杆、人际关系标杆等，多学习，多模仿、多请教，可快速成为行业能手。

向客户学。 各行各业都有自己特定的客户群体。从某种意义上讲，一个行业就是一门学问，一类产品就是一大技能，一个客户就是一个老师。在我们给客户提供服务的过程中，可以学到很多知识。比如通过了解客户的发展历史、体制变革、行为特征、经营管理、发展战略等综合情况来学习；通过研究客户的市场定位、产品研发、市场销售来学习；通过与客户的管理者，特别是高管接触来学习；通过与客户的经办人沟通交流来学习等。

向对手学。 与对手竞争的过程也是相互学习的过程。抱着欣赏对手、向对手虚心学习的心态，我们可以更加客观地了解自己的不足与竞争对手的优势，弥补自身的不足。

◎ 悦读：享受式阅读

享受式阅读是读书的最高境界。文字是这个世界上最美好的东西之一，当我们能沉浸其中的时候，就能享受读书的乐趣，享受读书的过程，享受书中的意境，享受书中的美感，享受读书的价值。

◎ 选读：选择式阅读

读书的目的有三个：扩大知识面，提升社会适应性，提高专业技能。这三个目的恰恰对应了知识的金字塔结构：底座是知识面，越宽广越好，它体现了个人的内涵和素质；中间层是通用技能，越实用越好，它体现了我们的社会适应性；塔尖是专业技能，越专注越好，它体现了个人的核心竞争力。根据知识的金字塔结构，我们每年都可以列出一个书单，帮助阅读。

◎ 悟读：思考式阅读

悟读，就是以读促悟，通过阅读产生自己独到的见解与感悟，无论是作者表达的情感，还是书中所提供的方法，都需要我们认真领悟，正确理解，最后甚至能够背诵出来。需要悟读的书籍往往是经典著作，像《论语》《中庸》《大学》《孟子》《老子》《庄子》《孙子兵法》等，这些经典值得我们去认真领悟，深度理解。读这样的书，可以一天读一段，要反复朗读、反复咀嚼。

读书最怕的是不求甚解。书读得多但不加思考，就会以为自己知道的很多；多思考，才会认识到自己知道的其实很少。想学有所获，就一定要有钻研精神，养成不断思考的习惯。只有对一项知识或技能有自己的理解，它们才会真正为你所用，成为你知识体系的一部分。正如孔子所云："学而不思则罔，思而不学则殆。"

现在有的人越来越习惯于碎片化的信息获取，在不断追求信息增量的同时，忽略了读书的本质。读书时我们应该多思考，思考作者的出发点，思考作者的经验是否可用于提升自己的能力。唯有多思考，才能把书本的文字信息转化为自己内在的知识。

爱因斯坦曾经说过："学会独立思考和独立判断比获得知识更

重要。不下决心培养独立思考习惯的人,便失去了生活中的最大乐趣。"勤于用脑,遇事三思而后行,事后及时总结复盘,才能不断提升个人能力,为高效行动奠定基础。

◎ 精读:精细式阅读

精读,即精细深入的阅读,要遵循"朱子读书法",循序而渐进,熟读而精思,"字求其训,句索其旨。未得乎前,则不敢求乎后;未通乎此,则不敢志乎彼"。

◎ 泛读:广泛式阅读

泛读,就是广泛式阅读。有些书是为了增加知识的广度和思维的宽度,读这些书不必追求逐字逐句理解,只需注意理解整体及保持阅读速度即可。

◎ 复读:反复式阅读

阅读,最美妙的体验更多地发生在反复阅读中。重温是不断梳理,以获得不同的营养。清代文学家张潮在《幽梦影》中将一个人读书分为三个阶段:少年读书如隙中窥月,中年读书如庭中望月,老年读书如台上玩月。不同的年龄,有不同的生活体验,处在不同的时代,面对不同的境遇,读同样一本书会有不同的感悟。

重读一本几年前或几十年前读过的书,读出来的新意就像是在检索人生经历带给自己的改变,仿佛是在确认自己。

◎ 深读:深度学习

深度学习是指我们要透过现象抓住问题的本质,把知识学透。感知力是学习前奏,思维力是学习内核,创新力是学习终极结果。深度学习要提出问题、给出方法、找出结论;创设情境,自己发现问题,找出方法,得出结论。深度学习是从外控到内驱力驱动的转型学习,是从同质化整齐划一的学习向个性化选择性学习变革的学习方式。

加拿大管理学家亨利·明茨伯格在《管理进行时》中提到了"肤浅综合征",是指因繁重的工作目标压力,导致管理者缺乏深度学习与深度思考,只能在浅层做管理。这是所有管理者都会遇到的最基本的管理难题。

深度学习的关键就在于向自己发问,而且持续发问。遇到问题时,多问几个为什么,像剥洋葱一样层层剥下去,每当我们多问一个为什么时,我们可能就与事物的本质更近一步。

◎ 朗读:吟诵式阅读

叶圣陶曾经说过:"吟咏的时候,对于探究所得的不仅理智地理解，而且亲切地体会，不知不觉之间，内容与理法化而为读者自己的东西了，这是最可贵的一种境界。"一遍又一遍阅读可以帮助我们理解书中隐藏的线索与信息，朗读则能帮助我们理解文字中的词、句、意境、韵律。

朗读是一种有效的学习方法。越早接触朗读、越热爱朗读的人，语感越强。语感影响语言直觉思维能力的形成，也影响思辨能力。

朗读是传递爱意的一种方式，是一种净化心灵的力量。当优美的文字，通过满怀爱意的声音表达出来，就会在听者的心里产生涟漪。而几乎所有的感情，都可以通过朗读淋漓尽致地表达出来；文字中的真、善、美，通过声音的诠释，能够引领着一个人的内心走出困境。

◎ 主读：主题式阅读

做好主题阅读，就必须做好阅读的"选、读、记、研、用"。这种阅读方式可以让短时间内大量通过阅读获得的知识相互关联，便于长期记忆，构建属于自己的知识体系和模型。坚持主题阅读，可以让我们的认知视野更加开阔、专业知识更加精深。可以看到，在同一领域，世界上存在太多不同的认知，而且这些认知都有其验证的过程，具有一定科学性但并不完美的逻辑。主题阅读的方法：一是鸟瞰，粗略了解，明确重点；二是解剖，仔细研读，重点剖析；三是会通，融会贯通，举一反三。

◎ 省读：反省式阅读

在阅读中，结合自身情况与时代背景，反复且持续地进行反省式读书，能够加深对知识的理解，对自身的知识体系进行不断修正、完善，并为创新提供可能。

◎ 刻意练习

美国作者安德斯·艾利克森和罗伯特·普尔在《刻意练习：如何从新手到大师》一书中这样写道："在漫长而艰苦的过程中一步一步改进，终于练就了他们杰出的能力，没有捷径可走。"

成功需要有目的的刻意练习，刻意练习可通过有限的练习时间达到最优的学习效果。

如何刻意练习呢？走出你的舒适区；制订明确的目标和计划；集中注意力；学会反馈，监测进步。

◎ 端正学习态度

最佳的学习态度是认真研究新知识与新事物，发掘它的价值，然后去行动，通过自己的行动来感悟其中的道理；一般的学习态度是对将要学习的知识与道理半信半疑，这样可能会学到一些东西，但只能学到皮毛，没有理解，没有感悟，没有行动，是不可能学到真东西的；最差的学习态度是对任何知识与道理都排斥，不看别人好的地方，专挑别人的毛病，比如看一本书，书中有益的内容不看，专门挑毛病，这样是学不到任何东西的。

第一种学习态度得到的是智慧；第二种学习态度得到的是知识；第三种学习态度得到的是无知。

◎ 坚持每天学习1小时以上

坚持每天学习1小时以上。孔子曰："学而不已。"只有不断学习，终身学习，才能跟上时代的步伐。著名教育家钱伟长先生说："我36岁学力学，44岁学俄语，58岁学电池知识。不要以为年纪大了不能学东西，我学计算机是在64岁以后。"

◎ 读书要知人论世

孟子说："颂其诗，读其书，不知其人，可乎？是以论其世也。"我们为了读懂一本书，弄明白一件事，就要先了解作者这个人，也要研究作者所处的时代背景，这样才能更好地理解作者的创作思想。

因此，读书的关键就在于要跳出书籍，知人论世，然后再回来看书，这样对内容的理解就会更加深刻。每个人的思想和观点都不是孤立存在的，而是和他所处的时代背景、个人经历、思维方式有密切的联系。当我们读书读不明白的时候，不妨先把书本放下，去关注这本书的时代背景，寻找作者的动机，这样的读书方法，将会让你比别人的认知更深一些。

◎ 始终保持初学者心态

初学者心态，就是好奇的心态，归零的心态，开放的心态，包容的心态，融合的心态，与时俱进的心态。始终保持初学者心态，就可以持续不断地学习、接受新知识、融入新环境；也可以持续不断地开阔眼界、打破自我设限。敢于清零，重新学习，表现出开放的心态，学习新知识，适应新时代，融入新环境，才能创造新事业。

一个人越是自以为是，就越像装满杯的水，再也装不下更新、更好、更多的学问和知识。而一个人越是虚心求学，就越能不断拓宽自己，让自己不断去吸收新知识、借鉴新经验、掌握新技能，去向比自己更出色的人学习。

◎ 读书永远不怕晚

《颜氏家训》有言："幼而学者，如日出之光；老而学者，如秉烛夜行，犹贤乎瞑目而无见者也。"活到老，学到老，读书永远不怕晚，永远不会晚。一个人的一生有不同的阶段，每个阶段有不同的侧重点，唯有读书可以贯穿始终。

◎ 我不会，但我可以学

一个人的知识、技能与经验是有限的，但大千世界是无限的，社会变革是无限的，知识领域是无限的。敢于承认"我不会"，并且放低姿态去学习，才是真正的成长型人才。如果一个人愿意不断地去学习、研究、探索，去用更高的标准要求自己，当遇到不懂的问题时，他就会自然而然地说出这句话："我不会，但我可以学。"

"我不会"这三个字对有些人来说，是很难说出口的，他们会觉得说"我不会"很丢人。但是，不承认自己不会，就永远关闭了改变自己的门，只有真正认识到自己不会，愿意保持开放的心态，才能学到东西，改变自己。

◎ 充分利用空闲时间读书

爱因斯坦说过："人的差异在于业余时间，业余时间生产着人才，也生产着懒汉、酒鬼、牌迷、赌徒。"业余时间能成就一个人，也能毁灭一个人。那些积极给自己充电的人，大多有明确的人生目标，他们在别人看不到的地方默默升级自己的技能，一旦出现新的机遇，总是更容易抓住。

有些时候我们觉得生活不如意，可能并不是因为世界有多么复杂，也不是问题有多么棘手，而是我们没有根据自己的条件做出调整，没能找到合适的节奏。真正有智慧的人，都懂得在忙时冲锋，闲时蓄能，忙时不慌，闲时不废。

◎ 注重高效阅读

要提高阅读效率，可以从几个方面做起：将书中内容存入自己的知识库；读完书后立即整理笔记，将想法直接写在纸上；专注阅读一本书；读书时尽量关闭网络和手机，否则一条微信或一个电话就可能让读书计划泡汤；思考"为什么要读这本书"；将学到的知识点与自己过往的经验建立连接；写出跟新的知识点产生碰撞后的新感悟；边阅读边做思维导图笔记，并将思维导图应用于日常工作中；将所学知识整理成图表、模板，应用于日常工作中。

◎ 建立家庭书房

有条件的家庭可以建立独立书房，或者设立读书角。书房是一个人的读书之地、藏修之所、典藏之室、静养之处。于文化而言，书房是文化传承的一片沃土，是我们精神与知识的加油站；于个人而言，品味书房，可以感悟人生的志向、情趣、心境，甚至人生观、价值观；于工作而言，它是办公场所的延伸；于孩子和家庭而言，书房也是教育孩子和家庭精神生活的一部分，在家庭中扮演了独特的角色。

良好的学习、工作氛围会产生 1+1>2 的效果。家长更应该发挥自己的表率作用，多阅读，丰富家中的藏书，让孩子在耳濡目染中养成读书的好习惯。

◎ 千万不要停止学习

一旦停止学习，一个人就会止步不前。唯有持续学习，才能不断成长和进步。学习不只在于习得新知识，更在于它能帮助我们保持深度思考，从中不断修正对世界的认知、对自我的了解、继而获得真正的成长。学习从来不是一件一劳永逸的事情，在人生的任何阶段都需要学习。唯有不断学习，才能与时俱进，不被淘汰。

美国投资家查理·芒格说："我这辈子遇到的聪明人没有不每天阅读的，没有，一个都没有。"优秀的人没有一天不在努力成长，哪怕他再优秀，也很注重自身的成长。而保持成长最好的方法，就是持续学习。一个人如果没有持续学习的能力，无法保证持续成长，那么别说往更高的地方走，就连现在的位置都很难能保住。持续学习和成长，不断优化自己，是人一生的课题。

◎ 终身学习

越优秀的人，越懂得终身学习的重要性。在他们看来，通过终身学习，真正成为自己，活出独特的个性和价值来，就会成为时代的宠儿。

社会在进步，时代在变化，世界正朝着高科技、网络化、信息化、全球一体化的方向迅速发展，现在已经进入知识创新和学习型社会的新时代。许多职业已逐渐被机器取代，如高速公路收费员、收银员、售票员、码头装卸工等。时代的车轮不会因为你的固步不前而为你停下脚步。

人生如逆水行舟，不进则退。若不想被时代抛弃，那我们必须要终身学习。终身学习，才会让眼界越来越开阔，思想越来越深刻，境界越来越高远，技艺越来越精湛，价值也就会越来越大。

第四章

问修养——修身养性的智慧

第一节　注重品行修养

◎ 做一个人品好的人

《鬼谷子》中有这样一句话:"诚畅于天下神明,而况奸者干君。"做人,贵在品正。人品是一个人真正的资本,是一个人最硬的底牌。做人,别丢了良心;做事,别伤了人心。

人品好的人具有以下特征:善良孝顺、讲究诚信、正直厚道、不占便宜、谦虚宽容,懂得知恩图报、尊重他人。

◎ 做一个人格健全的人

健全的人格有以下特征:有较强的安全感,自信自强,对自己、对他人包容;有很好的社交能力,能正确处理人与人之间的关系;有稳定的情绪;有追求的目标、明确的价值观,积极、努力地追求自己的人生理想;有一定的坚韧性,做事不轻易放弃;有较强的责任感,做什么事都认真负责;善于接受新知识、新观念、新事物;谦虚谨慎,待人诚恳;等等。

一个人格健全的人总能找到完善自我的方式，他知道自己想要什么，并且知道应该如何去做，这样的人，无论处在怎样的环境里，都能活出真实的自己。他们不会人云亦云，他们有格局，有远见，能为即将发生的变化做好准备，不至于在变化到来时手足无措。

做一个人格健全、不可被替代的人，才会拥有核心竞争力。无论多么优秀的人出现，都无法动摇他的地位，代替他。

◎ 做一个品德高尚的人

北宋史学家司马光在《资治通鉴》中曾论证过"才"与"德"的关系，他指出："才者，德之资也；德者，才之帅也"，意思是才能是德行的支撑，德行是才能的统帅。只有具备高尚的品德，才能驾驭人生的走向，真正立人立业。

品德高尚的人，不忧也不惧，他们对得起自己的所作所为，能够承担患难。德国音乐家贝多芬曾说："凡是行为善良与高尚的人，定能因之而担当患难。"而自私自利、喜欢算计的人，更容易患得患失。

◎ 做一个有教养的人

有教养的人，遵守时间，不迟到；不随意打断别人说话；诚实守信，不斤斤计较；语言诚恳，不傲慢，不轻视别人，不显示优越感；遇到事情不气馁，积极想办法解决；关怀他人，不论何时何地，对妇女、儿童和老人，总是表示出关心并给予最大的照顾和方便；注重细节，比如等车自觉排队，吃饭从不浪费，别人输密码时会主动回避，等等。

有教养的人，自觉遵纪守法，为他人着想，有做事先做人的自律，有说话不伤人的教养，有换位思考、化解矛盾于无声中的能力和品质。

有教养的人，一个满面春风的微笑，一个温柔似水的眼神，一个善解人意的举动，就能化解狂风暴雨。有教养的人是行走的灭火器；是温润如玉的谦谦君子；是平易近人、乐于助人、拥有人格魅力的人。

◎ 做一个靠谱的人

靠谱的谱，原意与音乐有关，比如曲谱、乐谱、歌谱。演奏演唱符合曲谱、乐谱、歌谱就叫靠谱；反之，演奏跑调、演唱跑调就叫不靠谱。

做人怎样才叫靠谱？有谱且标准正确，成谱且结果闭环，变谱且应变及时，创谱且自成系统。

靠谱的人，能够处处有交代，件件有着落，事事有回音，时时守信用。靠谱是一种能力，更是一种品格。聪明的人走得快，但靠谱的人走得更远。

一个人值不值得交往，能不能与其相处长久，往往取决于他有多靠谱。真正靠谱的人，都拥有让人放心的能力。

◎ 做一个善良的人

清代文人史襄哉在《中华谚海》里说："善为至宝，一生用之不尽；心作良田，百世耕之有余。"我们必须始终坚持以善为本，诸恶莫做，众善奉行。得道多助，路行自宽，福虽未至，祸已远离。你播种的善意，会长成庇佑你的大树。

善良的人，道德修养好，是非观念强，三观正确；善良的人，能够严格按照道德标准规范自己的言行，不触犯法律底线；善良的人，不搞阴谋诡计、阳奉阴违，让人放心；善良的人，一定是温暖的人，乐于助人的人，懂得珍惜和感恩的人，善待自己更善待他人。

送人玫瑰，手留余香。伤人者必自伤，害人者必自害，你若是伤害别人，从长远来看，最终都会伤害到你自己。

《道德经》有云："天道无亲，常与善人。"一个人，如果心存善念，行中有善，孝敬老人，爱护家人，乐于助人，那么就会在无形之中为自己积福积德，悄然改变自己的命运。

人存好心，善良为本，以善为缘，善良的人就能结下美好的缘分。善良的人将心比心，以诚待人，厚德载物；善良的人虚怀若谷；善良的人知恩图报，心安一生。一个人拥有真善良、好品行，永远能得人心。

爱出者爱返，福往者福来，看似帮助别人，实则是提升了自己。种瓜得瓜，种豆得豆，种善因，得善果。善良的人，冥冥之中总会有福报围绕、贵人相助。积善德，行善事，是对社会的回报，对家人的回报，对将来的回报。孟子说："君子莫大乎与人为善。"当你和善地对待他人时，也会被他人温柔以待。

◎ 做一个讲诚信的人

诚信作为一种道德规范，是指人的思想与行动应当一致，诚实无欺，言而有信。

诚信是中华民族传统美德。中华民族乃礼仪之邦，从来都是重信用、守承诺的，是最讲诚信的民族。孔子曾讲"民无信不立"，孟子曾说"朋而有信，人无信而不交"。这些悠悠古训在中华大地上源远流长，并被发扬光大。

诚信是对他人和社会的一种承诺。信用是市场经济的基本准则，是市场经济下竞争取胜的价值中枢，也是一个人内在气质的反映，是衡量一个人综合素质的重要指标，是个人发展的必备品德之一。

我们常讲一诺千金、一言九鼎。《周易》说："人之所助者，信也。"我们应当把诚信看成与生命一样重要，注重自己诚信意识的培养。信用是人立足社会的基础，是公民的第二张身份证，是个人一生的财富。所以，维护良好的信用记录将终身受益。

◎ 做一个有风骨的人

风骨不是外在的傲慢,而是内在的自足自立。风骨包含文化、气质、修养等诸多因素。风骨是一种卓尔不群的人格境界,更与一个人的担当、胸襟、涵养等息息相关。

◎ 做一个厚道的人

厚道的人具有许多良好的品质,不彰人短,不占便宜,不计较,有担当,有包容之心,能设身处地为他人着想,知恩图报等。而所谓精明的人,往往只顾眼前,总为小利输掉大局,断自己的后路。

因此,厚道的人,更容易赢得别人的尊重,赢得别人的欣赏。漫漫人生路上,我们会遇到许多人,会与许多人相知相识。可只有与人品好的人交往,感情才会随着时间的沉淀,变得更加深厚而稳固。相处,靠缘分;深交,看人品。为人厚道、品行端正的人,值得我们深交一辈子。

◎ 两难时由良心做选择

在人际交往中,我们常会因对有些事情认识不清,在利益取舍时陷入两难境地,无法做出选择。在利益和诚信之间,让良心做选择;在虚名与真相之间,让良心做选择;在机会与大义之间,让良心做选择。当你舍弃了利益，选择了良心之后，你将得到良好的口碑、更多的尊重和机会，以及真诚的友谊。

第二节　锤炼意志修养

◎ 培养逆商

一个人在成长的道路上一定会遭遇挫折，碰到压力。遇到逆境的时候，一个人怎么看待逆境，怎样处理逆境，又是怎样应对逆境带来的心理压力，被称作逆商。

一个没有经历过挫折的人，无法真正坚强起来；同样，不经过挫折磨砺的成功，也将是脆弱的。经历过困境和挫折的人才会明白，在危机面前一个人最大的底牌和优点就是逆商。逆商越高，人生道路越宽。

这是一个拼逆商的时代。高逆商的人，面对逆境，可以充分调动自己的能力和潜力来应对困难局面，最终大有作为。比如，当你的目标经一再尝试仍不能达成，就可尝试改变行动方向，改进方法技术，或修正目标，尽最大努力争取成功，而不是一遇到困难就放弃。

◎ 逆境不忧

在逆境面前，心理承受能力差的人往往会心烦意乱，感叹命运不济，甚至一蹶不振。只有那些敢于挑战困难，能够审时度势，采取积极进取的态度面对挫折的人，才会成就大事。

工作生活困境越多，问题越多，学习和成长的机会就越大。困境不是问题，是力量，障碍越大，成长的潜力就越大。我们注定要经历人生的风浪起伏。想要出众和耀眼，就必须学会从逆境中开出花来，结出人生的果实。

逆境时，打败我们的往往是低能量、负能量的心态。面对突如其来的重击，唯有内心强大，不忧不虑，方能越挫越勇，峰回路转。

◎ 抗压扛事

做好自己该做的事，不因别的人、别的事打乱节奏。人生，从外打破是压力，从内打破是成长。要学着做一个不被轻易击垮的人，经得起磨砺，受得了打击。艰难困苦，玉汝于成，成大事的人无不是经过艰苦磨炼的。

◎ 减轻压力

减轻个人压力。一是与好朋友交谈。所谓"当局者迷，旁观者清",在面对压力时,不妨找两三好友,共商对策。别人的建议,可以帮助我们跳出因个人过度重视可能引发错误判断的盲点。

二是暂时远离问题。当压力产生时,有些人会不自觉地往死胡同里钻,这样一来不但压力不能减轻,反而会产生更多的问题。如果自己属于这种类型的人,务必要想开一点,暂时抛开问题。这样你再度面对问题时,也许会有一番全新的认识。

三是为别人做点事。在自己付出时,成就感无疑会给自己一剂强心针,帮助自己跳出障碍,减轻压力。

四是营造生活乐趣。经常替自己的生活添加些"调味料",丰富自己的业余生活,借以提升生活品位,营造另一番情趣。

五是规律生活,不随心所欲,活在当下,不担忧未来。

减轻工作压力。一是不把工作当负担。快乐的人非常清楚该如何安排工作。不快乐的人,每天睁开眼睛总是怀疑地自问:"我工作究竟为了什么?我怎么总有做不完的事?"正确的做法是,从内心深处去热爱工作,不把它当成负担。

二是降低期望,减少欲望。很多工作不快乐的人,他们痛苦的来源是期望太高,欲望太多。要以合适的发展目标来自我期许,这样既可以增加成就感,也可以克服工作倦怠感。

三是学会科学管理工作,逐项完成工作任务。任务菜单法,可避免无序工作;逐项解决法,可避免事情累积;分类管理法,可避免杂乱无章。不管是哪一种原因造成了工作计划未完成,只要认真检查,就事论事,不为自己找借口,及时发现不足并提出有效的改进办法,就不会自怨自艾,更不会有情绪低落的问题了。

四是主动改善工作环境。从自己做起，自己寻求改善方式，至少让周围的环境适合工作，同时再寻求有关领导与部门的支持。

五是创新式工作。条条大路通罗马，在不变的工作方向中，寻求变化与创意，从创意中得到快乐。

六是少批评他人，忌背后议论他人。少用批评的言辞，多用建议的言辞与人交流，亦可消除人际关系障碍。

减轻家庭压力。一是家人健康状况不佳或家务负担过重的解决方案。先告诉领导，尽量得到关心或谅解，以便在家人情况好转时马上进入正常工作状态。如果情况是长期的，一个人是否有危机处理能力就很重要了。此时要做详尽的时间计划，采取多种方法，兼顾家人与工作，并努力提高家庭收入。

二是家人工作不顺利的解决方案。对这类问题，若能自己解决是最好的。若没有很好的办法解决，一定要有正确的观念，心态的正确与否最重要，做任何事情都要清楚其意义。如果是对解决问题没有帮助的，就不要去浪费心力。

三是与家人关系紧张的解决方案。不管是哪一种原因造成的关系紧张，一定要同家人充分地、开诚布公地沟通，学会互相体谅是非常必要的。一旦与家人达成共识，家人会支持你，驱策你向前努力。

真诚的沟通可获认同。如果经过沟通，家人还是无法认同你，不妨把家人的观点先放在一边，以实际成绩争取家人的认同。你的努力有了成绩，家人也能看到、感受到你的成功，就会反过来支持、协助你。

◎ 心理韧性

什么是心理韧性？清华大学社会科学学院原院长彭凯平教授给出了这样的定义：心理韧性是从逆境、矛盾、失败甚至是积极事件中恢复常态的能力。

心理韧性包括个人胜任力、控制力、安全感、包容负面情绪、积极应对挑战、灵活应变、建立积极的社会联系等能力。

青年人培养心理韧性，可以从以下几方面着手：

自愈力。如何认识和对待人生的苦痛，做好自我疗伤，能否自愈，向来是强者与弱者的分水岭。每个人身体内部都有一个最好的医生，即自愈力。而你的每一次自愈，都会让自己变得更强。

承受力。在人生的旅途上，我们越能承受各种压力，就越能享受旅程的风景。否则我们只能感受到焦虑不安，变得紧张急躁，神经过敏。

反脆弱力。即创伤后成长力。有人在工作中受到一点委屈就心生抱怨，有人遭遇一次不幸就颓废不振。这就是人脆弱的表现。一个成功的人，一定拥有强大的反脆弱能力，不被挫折打垮，而且愈战愈强。要从失败中学到成功的经验，从打击中得到进取的力量。

◎ 掌控情绪

不要沦为情绪的奴隶。人不能主宰世界，只能适应世界。换句话说，人生活在这个世界上，不能随心所欲。

虽说喜怒哀乐都是人之常情，但若任由情绪肆意泛滥，就会沦为情绪的奴隶。

懂得权衡利弊。真正厉害的人，懂得权衡利弊。他们压得住自己的怒火，善于化解怒气。有的人会把敢于发怒当作一种勇敢，而把忍气吞声当作一种懦弱。这种认识是片面的，有时敢于发怒不是勇敢，而是意气用事。

学会管理情绪。

可通过以下几种方法进行情绪管理：

一是思想控制法。控制情绪的根源就是要控制思想，只有先控制思想，才能控制行为。控制思想，首先要知道自己的人生目标是什么，打算怎么去实现，实现后对自己和社会有怎样的影响，然后再弄清楚如何拒绝不该做的事情，强迫自己做该做的事情，最后想想做了会如何，不做又会如何。

例如，在情绪即将失控的时候，可以给自己心理暗示：我一定要把这件事情做好，一定要成为行业的标杆，所以我不能生气，我要冷静思考，找出最好的解决方法。这样想想，情绪就会逐渐稳定下来。

二是行动消除法。回避问题并不是最好的选择。直面困难，想办法解决，然后继续前进，这样才不会导致问题越积越多。比如，可以多学习、多工作，逐步建立自己的成就感。经过一段时间的努力，你会发现自己有了很大改变：干劲增强了，自信心也提高了；心情舒畅了，不良情绪也就消除了。随之而来的，就是工作比过去做得更多、更好，人际关系也朝着好的方向转变。

三是旷野吐郁法。山高水阔的环境有利于疏解抑郁的情绪。心情抑郁的时候，可以找一个空旷无人的地方，比如山顶上、人海边，大声呼喊，把内心的不满和压抑全都宣泄出来，整个人就会轻松很多。

这种方法适用于性格内向者。当你处于一种莫名的烦恼之中而又不愿找人诉说时，可以采用此法。需要注意的是，呼喊时要像舞台表演一样进入角色，并尽可能说出平时感到压抑的事情，这样驱除烦恼的效果才会比较好。

四是心理学中的空椅发泄法。当愤懑到了不吐不快的地步时，可以找一个替代物进行发泄。此法适用于人际关系紊乱时的怒气疏泄。这时，一把椅子就是很好的选择，你可以把它当成使你生气的人或事，尽情发泄。

你可以指着椅子，历数对方的过错，充分表达自己的委屈，激愤之时还可以伴着表情、动作，如挥拳顿足等。发泄时越情绪化，驱除烦恼的效果就越明显。

五是视线转移法。将自己的视线从产生不良情绪的目标上转移开，也可以缓解不良情绪。工作劳累、心情不好的时候，可以去看一场电影，读一本好书，以便尽快从不良情绪中解脱出来。

◎ 战胜恐惧

当你恐惧的时候，这个世界所有的门都会被你关上。在事业发展中，一个人的恐惧感表现为：第一，缺乏信心。如果一个人没有自信心，就很难得到领导、同事、客户和他人的信任，更别提合作、重用了。第二，不敢开口。很多人在培训或者开会时，总是习惯于坐在后排，怕被领导看见，怕被要求发表自己的看法。第三，不能坚持。做任何事都贵在坚持。有的人刚开始工作时还充满热情和干劲，但随着时间的推移和任务的增加，新鲜感退去，厌倦感就产生了，一遇到困难，就想放弃。

如何克服恐惧？关键是拥有信心，并能立即行动。你要有这样的认识：信心是可以训练出来的；有了信心就去行动，行动可以消除恐惧；行动之后必有成果，有了成果，就可以治愈恐惧了。

你还应该有这样的认识："不好意思"是自己想象的。也就是说对某些事情不好意思，主要是你自己的想法，并不一定是别人的反应。其实，并不是所有人都在关注你的行为，很多恐惧是自己想象出来的。克服羞怯和恐惧感的最好方法就是大胆开口说话，只有开口，才会有机会。工作就是需要与人交流，无论他人身份多高，地位多尊贵，他都是一个人而已，只有把你的想法大胆地告诉他，你才有成功的可能。

◎ 扔掉自卑

奥地利心理学家阿尔弗雷德·阿德勒在《自卑与超越》一书中

认为"人人都有自卑感"。产生自卑的两个根本原因：一个是孩提时代的影响，家庭和学校的教育出现问题，让孩子产生自己是弱小者的感受；另一个是社会对一些人和事有一种过于完美的追求倾向，使某些人有一种自愧不如的自卑感。此外，从小家境不好，受压抑，身心不畅，或是在人生道路上遭受挫折和失败的打击过多，感到自我的渺小和无奈，因而怀疑自己的力量，这些都会产生自卑感。

我们每天都会面临很多挑战，要想成就一番事业，首先要做的就是拒绝自卑的纠缠。自卑是一只纸老虎，只要勇敢地跨出第一步，正确地评价自己，勇敢地接纳自己，不断地丰富自己，大胆地表现自己，你就会扔掉自卑。

◎ 抑制浮躁

浮躁的心态会让人急功近利，这是一个人成长的大忌。抑制浮躁情绪可以从下面几个方面入手：

一是不要好高骛远。结合自身实际，制订切实可行的行动方案和目标，扎扎实实从基础做起，一步步地去实现。

二是不要心烦意乱。必须静下心来，正确地认识工作，冷静地把握机会，以长远的眼光来做好工作，不要急于求成。

三是不要贪欲。君子爱财，取之有道，我们应该通过提升业绩来取得合法报酬，千万不要不择手段，贪得无厌，甚至用违法手段牟利。

◎ 告别嫉妒

嫉妒是人际交往中的不利因素，除了害己，不会对事实造成任何改变。自我成长是告别嫉妒最好的方法。

对于青年人来说，与其将有限的精力放在嫉妒他人的成功上，不如抓住时机多做几件实实在在的事。当你专心致志、全心全意地为自己的事业奋斗时，就不会有时间嫉妒别人了。

◎ 驾驭愤怒

愤怒是消极情绪的头号顽敌。愤怒可以让人失去理智，一个人在工作或生活中的一时冲动，很有可能让自己失去一个可靠的家人、朋友或者客户。

自我暗示法是一种控制愤怒的好方法。比如，当你准备发怒时，可以这样想："发完火，能解决什么问题呢？即使吵赢了，又有什么意义呢？蠢人才会发怒，我是蠢人吗？当然不是！冷静、冷静、再冷静！我必须控制自己的情绪，因为我要成功，我要成为优秀的人！"如此，情绪慢慢就会平静下来了。

此外，还有一种方法可以控制愤怒：意识到自己开始生气的时候，用力咬三下牙齿，把愤怒压在心里并默念"忍！忍！一定要忍"，10秒钟过后，愤怒感就会消失。

尝试用这两种方法控制自己的愤怒情绪，久而久之，你就会成为一个情绪稳定、冷静、随和的人。

◎ 直面苦难

俄国作家陀思妥耶夫斯基说:"我一直在考虑一件事情,那就是,我是否对得起我所经历过的那些苦难。苦难是什么,苦难应该是土壤,只要你愿意把你内心所有的感受隐忍在土壤里,很有可能会开出你想象不到的、灿烂的花朵。"南非前总统曼德拉曾说过:"当我走出监狱通向自由大门时,我知道,若不将心中的苦恨留在身后,那么,我仍将在狱中。"

人生有两种痛苦:一种因拼搏奋斗而来,虽遭遇艰难困苦但却收获满满,这叫痛并快乐着;一种由悔恨交加而来,贪图安逸,轻言放弃,一事无成,追悔莫及,这才是真正的痛苦。

◎ 保持定力

《大学》中有"知止而后有定",这个"定"不是所谓的"定位",而是"定心",是定力。有的学者认为它是指人控制自己的欲望或行为的能力:不为利所诱,不为名所累,不为情所困,不为难所屈,不为危所乱,专心致志于某一事物。

当一个人不再轻易被外界环境和自身情绪影响,从某种意义上来说,就拥有了强大的定力,这种定力是一种定住自己、控制自己、把握自己的能力,使我们能够抵抗生活的诱惑,坚定地朝着自己的目标前行。

保持定力,在我们的意志锤炼中,就是要做到:信念上要笃定，不要出尔反尔；目标上要锁定，不要半途而废；事业上要搞定，不要朝秦暮楚；学习上要咬定，不要虎头蛇尾；意志上要坚定，不要知难而退；行动上要确定，不要言行不一；情绪上要稳定，不要心浮气躁；困境上要淡定，不要惊慌失措；自律上要规定，不要放任自流；名利上要心定，不要利令智昏；是非上要判定，不要黑白不分；家庭上要安定，不要后院起火。

《大学》告诉我们："知止而后有定，定而后能静，静而后能安，安而后能虑，虑而后能得。"人生的发展充满许多变数，未来的前景也有更多的不确定性，一个人的定力如何，直接影响着人生的走向和事业的目标。

定力好的人，"言寡尤，行寡悔"，顺大势而不逐流，有梦想而不纵欲，有所为而不妄为，有脾气而不被情绪左右，要名利而不贪婪。只有这样才能成为有定力的人，才能放得下，看得开，想得明白，活得洒脱。

◎ 认清自己

成长是个不断认清自己、认清世界的过程。知道自己的初心是什么，才能去坚守它，实现它；知道自己容易在哪些方面犯错，才能提前避免它；知道自己更擅长做什么，才能刻意去发展它；知道自己欠缺什么，才能努力去弥补它、完善它。

◎ 相信自己

那些经历挫折又取得成功的人都有一个共同的体会：信心产生力量，只要相信自己，再大的困难都能克服。

信心是一种坚韧的内在力量，它会使人发现自身的价值和潜能，它能够帮助我们渡过艰难困苦，直到曙光出现。

自信能产生神奇的力量：每件事的发生，一定有其原因和目的；没有失败这回事，只有成功的快与慢；不一定要准备好完美的方案，才能采取行动；无论发生什么，都要勇于负责；若不全心投入，就不会取得恒久的成功。

自信也有分寸，不足便显得怯懦，过分又显得骄傲，所以，需要善加把握。

如果你想不断提高工作业绩，有所成就，那么你就应该时刻充满自信，信心十足地去迎接挑战。在任何时候，遇到任何事情，你都要保持积极正面的信念，它会指引你找到解决问题的方法，激励你不断向前。

◎ 反省自己

所谓反省，就是检查自己的言行，看自己存在哪些问题，犯了哪些错误，如何改进。时时审视自己，在发现问题、解决问题中不断进步。

反省的目的是要总结经验，吸取教训，改进问题，不断成长。

若要了解自己行为的得失，则必须用自知的镜子来自照。

错误并不可怕，可怕的是一错再错，并且错得没有价值。只有那些善于从失败中吸取教训，能够亡羊补牢、不怨天尤人的人才能避免重复犯错。自我反省，一是要有悔改的勇气，二是不要过多地自我责备，三是要科学地进行反省，最好的方法是复盘还原。

不知反省的人只会把自己推向输家的角色。一个真正成熟的人，遇到问题时，是能诚实面对，具有反省能力并加以改善的。

◎ 改变自己

改变自己的思维方式。要树立创新、变革、灵活的新思维。一个人要想有所成，就必须时时关注外部环境的变化，采取创造、创新的策略，必须时时让"金点子"在头脑中激荡，改变因循守旧的思维方式，否则就会被边缘化，最终被淘汰。

改变自己的行为方式和习惯。改变不学习的习惯，坚持读书；改变生活无规律的习惯，加强自律；改变总喜欢钻牛角尖的习惯，学会开放包容，转换思路；改变沉迷游戏、经常熬夜酗酒、不锻炼身体等不良习惯，树立健康的生活方式；等等。

◎ 强大自己

强大自己，做一个实力主义者，就可以无惧任何竞争和挑战。光说不练，成天埋怨自己，责怪别人，误解自己的能力，不论走到哪里，注定都会被淘汰。在人生这个竞争激烈的竞赛场上，每个人都要努力累积自己的资源，提高自己的不可替代性，增加自己的附加价值，这样才会真正强大起来。

◎ 持之以恒

水能穿石，因为持而久之；绳锯木断，因为坚持不懈。对待人生必须要有持而久之的不放弃和坚持不懈的努力，方能前行。

时间是最好的裁判，有所学就会有所积淀。成功路上，没有那么拥挤，只要你不那么早就放弃。日积月累，坚持不懈，一切终将大放异彩。

山不却垒土之功，故能成其高；海不避涓涓细流，故能成其大。奢望一步登天，往往一事无成。真正能成就自己的，是持之以恒。持之以恒是一个人重要的意志品质，也是完成工作的关键要素。

没有什么能够打败一个永不言弃、持之以恒的人，只要方向足够明确，信念足够坚定，全世界都会为你让路。

第三节　加强心理修养

心态，是人生的主宰，亦是精气神的主宰。善于调整自己的心态，是一个人心理成熟的标志之一。把心态调整好，能激发人生最大的潜能。明代哲学家王阳明说："越是艰难处，越是修心时。"心态调整不好的人，很难过好这一生；心态调整好的人，绝境也能逢生。

调整好心态再看问题，可能这个问题已不再是问题；调整思维思考问题，可能这个问题已经不是主要矛盾；调整思路解决问题，可能这个问题便迎刃而解；调整角度观察世界，这个世界可能更加丰富多彩。

调整心态的方法有很多，如打起精神来，欲望不要太多，不与别人攀比，学会消除负面情绪，让自己安静，关爱自己，多读书学习，合理安排时间，保持健康的生活方式，培养兴趣爱好，适时寻求帮助，等等。

◎ 积极心态

"积极的心态像太阳，照到哪里哪里亮；消极的心态像月亮，初一十五不一样。"有什么样的心态，就会有什么样的思维方式和行为方式，因而会得到截然不同的价值回报。

积极心态能让我们的生活每天充满阳光。生活中充满阳光的人一定是喜欢微笑的人。微笑不仅使别人更喜欢你，而且也会使你自己感到快乐；微笑不会花掉你任何东西，却可以让你赚到任何投资都分不到的红利。人与人之间多一些微笑，就能在家庭中创造幸福，在单位中增强团结，在社会中吸引朋友，在工作中鼓舞干劲。

积极心态能让我们充满热情。一个人是否充满热情,你能从他的眼神、行动中看出来,从他朗朗的笑声中听出来,你能在他整个人的神韵中看出来。

热情会改变一个人对于他人、自己、工作和整个世界的态度,使人更加热爱人生。热情也是一种"兴奋剂",可以使一个人充满活力,好像脚下有了康庄大道,心里有了暖阳,眼中也有了希望。

积极心态能使我们减少抱怨。有的人在遇到困境的时候,总是会抱怨,把自己所遇到的一切不利都推给外界和别人,与环境及人的关系不和谐,给自己带来烦恼。

积极的心态能让我们"常思一二,少想八九",从而减少不必要的烦恼;或者让我们把遇到的问题当成对自己的磨炼,把解决困难当成一种学习,在逆境中求发展、得成长。

积极心态能激励自己和别人。积极的心态会让人产生积极向上的情绪和行为,从而鼓舞我们做出正确的抉择并付诸行动。这就是一种激励。积极的人在给自己激励的同时,也可以感染别人。

积极心态能让我们更多地关心别人的需求和想法,给他们适当的帮助和建议,让自己和周围的人都释放出积极的能量,这样能够帮助他们更好地发展和成长,而他人的成长又会让自己更加积极快乐。

积极心态能让我们克服困难取得成功。积极的心态会让我们客观、辩证地去分析与研究问题,积极主动地采取行动去解决问题，从而克服所遇到的困难和挫折，最终取得人生的成功。比如，采用心理缓解法，努力克服心理上的压力，走出阴影；转换思路，重整旗鼓，另辟蹊径，以智取胜；寻求别人的帮助，取长补短；等等。

◎ 乐观心态

英国生物学家、进化论的奠基人达尔文说："乐观是希望的明灯，它指引着你从危险峡谷中步向坦途。"生活过的是心情，人生一定要乐观。乐观心态，是战胜困难的有力武器。它可以帮助我们在面对困难时，拥有更加乐观自信的心态；可以帮助我们在面对失败时，拥有重新站起来的勇气和力量；可以帮助我们建立良好的人际关系，赢得朋友的信任与支持；可以帮助我们愉快生活，保证身心健康。

◎ 开放心态

每个人心中都有一根天线。你接收的是阳光，就灿烂辉煌；你接收的是黑暗，就痛苦无比。

持有封闭心态的人，保守陈旧，故步自封，总认为自己是对的，别人都是错的；不愿意接受新事物，无法高效输入和输出；任凭情绪决策，无法靠理性决策；等等。

世界很精彩，就看你愿不愿走出来。要想让人生过得精彩，就应该保持积极开放的心态，多学习、多认识、多了解、多接触、多接受新事物。不要总是怀有偏见，更不要盲目抗拒，因为很多时候，你拒绝的可能不是一件事，而是通往新生活的一扇门。打开眼界，才能改变认知。

开放心态可以保持好奇心。世界千奇百怪，社会多姿多彩，生活妙趣无穷，这一切美好都需要有一颗好奇心去发现。没有好奇心的人，内心总是枯燥无聊的。生活的乐趣在于不断发现新东西，不断体验新事物。拥有一颗好奇心，就拥有了永远不褪色的多彩世界、永远有趣的人生。

爱因斯坦曾说："我没有特别的天才，只有强烈的好奇心。永远保持好奇心的人是永远进步的人。"我们应该持有开放的心态，遇事多问几个为什么，捡回孩童时的求知欲，以及对未知事物的好奇心和对生活的热爱。多去尝试新鲜事物，才能碰撞出新想法，才能不断重组生活，创造全新的体验和感受。

◎ 绿灯心态

在瞬息万变的时代，优秀的人会关闭心态上的红灯，开启心态上的绿灯，不断成长，让自己有更多的选择。抛开固有认知，开拓思维，方能看到多姿多彩的世界。

所谓红灯心态，就是指在遇到一些观点与自己的认知不一致时，第一反应不是思考其是否能够解决问题，而是反驳该观点。这是一种禁锢型心态。

所谓绿灯心态，是指当我们遇到新的观点或不同的意见时，第一反应是这个观点一定有用，应该怎么用它来帮助自己。这是一种成长型心态。

同样的培训，有的人培训后技能提升很快，业绩提高很多，而有的人仍然在原地踏步。主要是因为没有进步的人一直在用红灯心态学习：遇到自己不认可，或是不熟悉的观点、建议，会直接屏蔽，潜意识里产生抗拒，直接拒绝那些新知，导致知识只是通过手、眼睛、耳朵过了一遍，根本没进入大脑，更别提去分析研究和实战应用了。

其实，一个人成长最快的方式，就是拥有绿灯心态。拥有绿灯心态的人，乐于接受新事物。遇见不同的意见，不要急于反驳，而要谦虚地去接受，把握自己成长和提升认知的机会。

◎ **知足心态**

没有不幸福的生活，只有不知足的心态。

这里讲的知足是指：我们要满怀感激和欣赏地拥抱现在的生活，而后更加信心百倍地走好未来的每一步；我们要充分肯定现在的自己，而后汲取更多的阳光、空气和水，让属于自己的花朵在四季的风雨中绽放得更加明媚、更加灿烂。

◎ 宽容心态

宽容的人能接纳不同的意见，包容相异的想法，能全方位地考虑问题。宽容心态是一种纳百川、怀日月的气概，是一种从容大方、胸有成竹的气量，是一种成熟宽厚、宁静和谐的气度。

对人宽容。对人宽容，利人利己。"君子要忍人所不能忍，容人所不能容，处人所不能处。"待人豁达大度、胸怀宽广，我们要有一颗同理心，将心比心，以心换心；不要总以自我为中心，要合作共赢，在共同目标下求合作，在相互合作中求合力，在相互信任中求发展；要做好自己，别苛求别人；要学会谦让，不要太较真，不强求别人。一个人的度量若是宽阔如海，则世间的刁难，就像投海的石子，掀不起波澜。

对事超脱。对事超脱，就是要跳出事情看事情，从战略定位、宏观视野、全局高度等方面考虑事情，一定要从头到尾周密策划、精细安排，把一些要害、重点、细节尽可能考虑全面。

对事超脱，要从两个方面入手：一方面做事情、提方案的人应该置身于利害得失之外，以超脱之心做投入之事，既能保持冷静清醒，又能保持公平公正；另一方面在给别人提意见和建议的时候正好相反，一定要置身利害之中，设身处地地为别人着想，权衡利弊，找出更好的解决方案。

对己豁达。唯有对己豁达，方能在从容中走向成功的人生。该工作时认真工作，该休息时好好休息，多一些从容；取舍间必有纠结，必有得失，不要斤斤计较个人的利害得失，多一些豁达；通过读书提升自己的认知境界，改善自己的思维方式，多一些思考；不过度追求完美，多一份轻松；欣赏自己的长处，多一份自信；善待他人，多一些爱心；勇敢、坦然面对现实，多一些接受；做人别"一根筋"，不要钻牛角尖，做事别"一条道走到黑"，多一些举一反三和转换思路；要把平凡的日子过出滋味来，多一些幸福。

◎ 淡泊心态

淡泊不是遇事、遇物麻木不仁和无动于衷，而是要求人们不能总是被各种各样的欲望纠缠，成为欲望的俘虏，不该在追求感官的享乐中消磨志气。要有云水气度、松柏精神，不为名利所累，不为繁华所诱，从从容容，宠辱不惊。

比如，你如果在职场上尽职尽责、全心全意、问心无愧，做到了专家级、工匠级的水平，实现了职业价值，你对事对物、对名对利的态度则更多的是得之不喜、失之不忧。

◎ 吃亏心态

有的人是吃小亏而占"大便宜"，有的人是占小便宜却吃大亏，大多数成功都源于吃小亏而占"大便宜"。清代书画家郑板桥说："为人处，即是为己处。"替别人打算，就是为自己打算。成功的人，都是能吃亏的人，在做人、做事等各个方面，都会得到更大的回报。

不占便宜是教养。你越贪小便宜，越会吃大亏。吃亏是福，因为人都有趋利的本性，你吃点亏，让别人得利，能最大限度调动别人的积极性，有助于你的事业兴旺发达。

◎ 心流状态

心流，是指因内在驱动力而完全沉浸于一项活动的状态，是积极心理学奠基人之一米哈里·契克森米哈赖在《心流：最优体验心理学》中提出的概念。

有时，当我们做某件事时，我们会全神贯注于此，废寝忘食。这种状态是无视空间、时间，甚至无视自我的存在，是驰骋于万物之上的。其实，这种状态就是心理学上所说的心流。

艺术家、作家在进行创作时，科学家在开展科研时，所表现的专心致志、全神贯注的心理状态，就是心流状态。它是一种将个人精力完全投注在某种活动上的感觉。心流产生的同时会有高度的兴奋及充实感。通常在此状态下，他们不愿被打扰，也称抗拒中断。

建议大家读读《心流：最优体验心理学》这本书，从感官、思维、工作、人际、挫折五个维度进行心流训练。集中注意力或专注力是造就心流的关键。加强心流训练的方法有：面对重要工作清空大脑，只做一件事；唤醒内心渴望；克服万事开头难；有效识别和解决问题，让自己的心流体验不断升级；努力找准任务方向，以此来吸引自己所期许之物；要建立心流开关，需要营造不易分心的状态。

第五章

问交友——善交益友的智慧

第一节 交友作用

◎ 社交圈是一个能量场

每个人都是一个能量场,在你的社交圈中的每个人,都或多或少地影响着你的磁场。想要拥有稳定高能的磁场,就要学会不断优化自己的社交圈。优质的社交圈子,在我们成功的时候,会有人提醒我们不要自满,在我们消沉的时候,会有人鼓励我们不要气馁,圈子里的人能影响和帮助我们成长。

优质的社交圈真的很重要,它是我们宝贵的资源。

可以给我们提供学习的榜样。我们要庆幸自己拥有优秀的朋友,把他们当作自己的榜样和努力的标杆,可以努力向他们学习,同他们一起进步,这样才会使自己也变成一个优秀的人。

可以促使我们不断进步。真诚的朋友,会及时发现我们的不足,批评我们,监督我们,提醒我们不犯错误,不断提升我们的认知能力。在友谊的激励下,彼此都能更快成长,变得更优秀。

可以帮助我们发展事业。有的朋友可以帮忙出谋划策,有的朋友可以整合社会资源,有的朋友可以推荐新的朋友,有的朋友可以提供信息情报，有的朋友还可以帮助我们提升业绩。

可以带给我们温暖阳光。真诚的朋友可以相互扶持，会在我们情绪低落的时候陪伴我们，鼓励我们，带我们走过泥泞和迷雾；会在我们穷困潦倒的时候安慰我们，帮助我们出主意、想办法，与我们一起渡过难关。

◎ **朋友圈有很大的影响作用**

俗话说得好，"居要好邻，同要好伴"。

影响我们健康成长。"近朱者赤，近墨者黑"，这个道理在青年人的成长过程中体现得尤为明显。

同能让你变得更好的人在一起特别重要。你选择什么样的朋友，慢慢地你就会变成跟他一样的人。如果你想变得优秀，那你就要同优秀的人在一起，你才会不断进步。之所以会出现同一个家庭的子女都能成才成功，同一个宿舍里的大学生都能考上研究生这种情况，一定有这方面的原因。

影响我们树立三观。一个人的朋友圈，在一定程度上会影响他的三观、格局和眼界，改变他对生活、对事业的态度。对自己的朋友圈可以尝试做一些改变，去靠近那些真正热爱工作和生活的人，遇见更好的自己。

同真诚善良的朋友在一起，双方都会变得更好；同积极上进的朋友在一起，总是如沐春风，心情愉快；同成功的朋友在一起，能增加智慧，提高解决问题的能力；同靠谱的朋友在一起，格外安心；同自律的朋友在一起，不会甘于堕落；同相处舒服的朋友在一起，无言也暖，能量天天满格。

影响我们的人脉价值。圈子与人脉的本质是价值交换。圈子也好，人脉也罢，永远要问自己两个问题：你能为他做什么？他又能为你带来什么？成功的人与企业都是利他的。花若盛开，蝴蝶自来，圈子要匹配不能硬融。

人脉关系对接的永远是台面下的资源实力，而不是台面上推杯换盏的热闹。"岭深常得蛟龙在，梧高自有凤凰栖。"自身强大，在哪里都会发光，若是没有价值，身处任何圈子也无济于事。

建立人脉关系必须注意三个关键问题：价值吸引、分享成长和跨领域合作。有些人以为只要自己进入了某个圈子，就拥有了人脉，殊不知人脉的本质是一种价值交换，是由自己的实力决定的。自身没有价值时，谈不上所谓的人脉。

人脉不是靠巴结来的，而是靠互相的价值吸引来的。与其在圈子中浪费时间，不如低调深耕自己。当你足够努力，足够优秀，那么你自己就是人脉。

影响我们交到什么样的朋友。人与人的圈子不同，包括圈子多少的不同，圈子大小的不同，圈子紧密程度的不同，圈子资源价值的不同，圈子类型对象的不同，等等。

不同的圈子吸引不同职业、不同学历、不同兴趣爱好、不同利益诉求、不同年龄的人，导致圈子拥有的资源与价值也不同。一个人应该根据自己的情况和发展阶段，选择融入适合的朋友圈。

◎ 抱团发展有很强的时代特征

众人拾柴火焰高，抱团发展可以思想同心，目标同向，行动同步，成果同享。互相帮助，共同发展；互相拆台，共同垮台。你能帮助别人说明你有能力，你能被别人帮助也说明你有价值。

当寒冬来临无处落脚时，与朋友一起抱团取暖才不至于被冻僵，也才可以扛住压力，做出成绩。单打独斗的"独侠客"时代已经过去，抱团发展的时代已经来临。要不加入一个团队、一个平台，要不打造一个团队、一个平台，无论选择哪种方式，都可以让自己得到发展，也才能跟上时代的步伐，迈向更美好的明天。

◎ 微信群的价值

联系、沟通的价值。微信群是一个联系、沟通的渠道，群里的朋友可以互相联系，互相沟通，实现信息互通、氛围融通、工作畅通。网络无距离，天涯若比邻。

结交朋友的价值。微信群是一个社交场所，大家可以在群里，从相识到相知，互相交流，增进友谊，成为伙伴，成为朋友。

学习成长的价值。微信群是一个学习平台，可以学到许多新的知识，可以收到有价值的信息，可以讨论解决一些问题，大家互相学习，共同成长。

资源互助的价值。微信群友来源比较广泛，不同的群友有不同的资源，如学习资源、人脉资源、物质资源等。如果有的朋友遇到问题，而有的朋友又恰好有这方面的资源，就可以提供必要的帮助。

◎ **微信朋友圈是一个多元的平台**

微信朋友圈是一个开放与包容的平台。 通过这个平台可以让自己融入社会，始终与时代合拍。

微信朋友圈是一个学习与积累的平台。 通过这个平台可以学习掌握积累许多新知识、新技能、新科技、新法规、新信息。

微信朋友圈是一个连接与交流的平台。 通过这个平台可以让自己与亲人、与老师、与同学、与朋友、与社会保持联系，维持关系。

微信朋友圈是一个分享与共享的平台。 通过这个平台分享他人与自己的思想、思维、经验、教训、快乐，可以形成强大的感染力，营造向前、向上的氛围。

微信朋友圈的互动本质是一种社交。 朋友圈里的互动——点赞或者评论，会让人有一种被关注、被认同的感觉。我们在失落时得到一点点关注，会倍感温暖；我们的想法被认真回应时，自己也会燃起对生活的热忱。

我们每个人都不是一座孤岛，都无法离开人际交往独自生存。认真发朋友圈的人，在构建自己的精神家园，也在时刻与好朋友进行心灵的交流。如果你有一个认真发朋友圈的朋友，请务必好好珍惜，因为他愿意与你的生活产生交集。

第二节　交友对象

◎ 与高人同行

你相信谁，你就会成为谁；你下意识地偏向谁，就将成为谁。与高人同行，与智者为友，你将不断获得成长。

人生如果遇到几个能够为自己指点迷津的高人，就会少走很多弯路，顺利走上真正属于自己的成功之路。

高人大都具有如下特点：

品德高。他们高风亮节，一身正气，做人光明磊落，拥有优秀的人格、高贵的品格、善良的品德。

智慧高。遇到困难和麻烦的时候，普通人都会不知所措，甚至阵脚大乱。而高人却像没事儿人一样，在复杂的事情面前总是能迅速抓住要害，总是能一针见血地指出问题背后的真相，沉着冷静、科学有效地思考解决之道。

学识高。他们好学、乐学、博学、恒学、会学和用学，大多拥有比较丰富的知识和人生阅历，且对社会和生活有较透彻的认知。

情商高。高人善于交朋友，真诚与人相处。他们不会轻易与人争论，面对他人的调侃、讽刺，一笑了之，即使有气、有火也能克制。越是高人，看起来越普通、越低调，不显山，不露水。

◎ 与优秀的人为伍

优秀的人，大都是经过长期打拼磨炼、大浪淘沙出来的。

他们具有许多优秀的品质：热爱生命，爱自己、爱家人、爱他人；理想信念坚定，人生目标明确，并能脚踏实地，一步一步地去实现；坚持读书，努力上进；充满热情，给人温暖；喜欢并专注工作；抗压能力强，意志坚强，踏实肯干，吃苦耐劳；心态良好，充满活力，情绪比较稳定；对人真诚，乐于助人，考虑别人利益，关心他人感受，值得信任；胸怀宽广，谦虚谨慎，不贪不占，不计较个人得失；敢于担当，责任心强；等等。

因此，有一个优秀的朋友，你尽可以放心与之交往，你会不知不觉受到影响，学习他的为人之德、处世之道、办事之法，你会变得更努力、更上进、更励志、更成功。

◎ 与成功的人交友

成功虽然不能复制，但成功人士的经验却值得我们借鉴、学习。正如成功学创始人吉米·罗恩所说：你是与你相处时间最长的五个人的平均值。因此，离你最近的人对你的影响最大。

每个人都是自己所处环境和经验的产物，如果你被动地等待外部环境为你改变，那么你会成为环境的受害者。

孔子曰："见贤思齐焉，见不贤而内自省也。"多向榜样学习，逐渐剔除自身的缺点，是历代先贤们修身养性的座右铭。

我们可以多向成功人士请教，让他们帮忙出谋划策，给一些指导意见，这比看任何成功学的书籍都要来得更直接、更有效。

我们可以从下列方面向成功人士学习：

要学习成功人士顽强拼搏、锲而不舍的精神。 成功人士大都具备永不放弃的精神、坚强的意志力，面对挫折时永不言败的气度，面对困难时敢于突破的勇气，以及面对变化时善于思考的智慧。

从成功人士的人生阅历中吸取能量。 我们应该从成功人士精彩的成功故事中、从他们丰富的人生轨迹和阅历形成的人格魅力中吸取力量，用以武装自己。

要学习成功人士事业和人生的成功经验。 成功人士的经验和方法是经过实践检验的、行得通的、可操作的、有成效的。你需要与那些比你水平更高、更有经验的朋友在一起，这样你就可以迅速向他们靠拢，向他们学习。

要学习成功人士昂扬的精神状态。 凡是成功人士，不管是学者、专家、工匠，还是企业家，或者普通人，他们都有一个共同的特点，就是精力充沛，目光坚定，步履矫健，斗志昂扬。

要学习成功人士的思考方式、行为方式。 我们可以借他人之眼看到更辽阔和通透的世界，让成功人士指点迷津。我们要多了解成功人士是如何思考问题、如何找到解决方案的，学习他们的思维方式和行为方式。

要学习成功人士处理人际关系的方法、技巧。 成功人士的资质，无论是智商、情商及为人处世、待人接物，大凡都是出类拔萃的，可以说他们是内心富足、柔和谦卑之人，有许多处理人际关系的方法和技巧值得借鉴。

◎ 珍惜贵人

贵人，是指具有正能量、有眼光、有格局、有本事，对一个人的人生、思维、感情、世界观、事业、生活等能带来深远影响和重大帮助的人。贵人既可以是我们的老师，又可以成为我们的朋友。贵人，是将教育者、扶持者、分享者、承担者和批评者等多种身份集于一体，并且对你的帮助是无条件的。

贵人的帮助分为五种：提供发展机会；启迪思想观念；言传身教；学识才能上的欣赏；物质资金上的支持。而这些贵人，也许是你的父母、老师、朋友、同学、领导、同事、客户、合作伙伴等，他们分别出现在你生命的不同阶段。

贵人可能给你一个重要的平台、一个重要的机会、一个最新的重大信息。一个良好的建议，一次关键时刻的帮扶，也许就能改写你人生的轨迹或命运。生命中的贵人，是一生都值得感恩的人。

贵人之所以贵，在于稀缺，一个人一辈子能遇到一个贵人，已是三生有幸。

◎ 善交益友

对于交友,孔子有着独特的交友之道:"益者三友,损者三友。友直、友谅、友多闻,益矣;友便辟、友善柔、友便佞,损矣。""友直、友谅、友多闻"是对自身有益友善的朋友。友直,与正直的人交朋友;友谅,与诚信的人交朋友;友多闻,与见识广阔、知识渊博的人交朋友。

◎ 建立互利共赢的关系

在这个万物互联的社交媒体时代,信息不再是唯一优势,人的作用越发凸显,人脉资源变得越来越重要。每个人的背景不同,所掌握的资源也不尽相同,那些能够有效地连接他人的人,往往也意味着能够连接更多的资源。

找到真正应该结交的人。每个人的时间、精力都有限,我们不可能与所有人都保持良好的关系。如同好钢要用在刀刃上,我们应把有限的时间、精力花在真正应该结交的朋友身上。

如何识别哪些人才是真正应该结交的朋友呢?

第一,评估自己,明确自己要过什么样的生活。

第二,评估习惯和活动,明确时间都花在哪里。以过去一个月为例,仔细回想自己参加的社交活动,哪些是值得的,哪些不是,为什么?

第三,评估他人,明确谁是应该结交的朋友。想想过去一个月内自己在他人身上花了多少时间，哪些让自己感到值得？哪些让自己觉得是在浪费时间，为什么？

通过评估，我们不仅能够明确自己想要的生活和选择，也能剔除那些不值得我们花时间交往的人，把时间、精力花在真正重要的朋友身上。

建立互惠互利的连接关系。我们必须有连接者思维——发现对方需要什么，以及我们如何提供帮助。那种能够与他人合作、为他人创造价值的关系，才能够长久，并最终实现互惠互利。

我们在努力拓展人脉的过程中，必须牢记一个宗旨：与另一个人建立互利共赢的关系，并长期保持这种连接关系。我们每个人一生中总会遇到许许多多的人，如何与他人建立良好的连接关系并从中相互受益，是一件值得认真思考的事。

第三节 交友规则

◎ 三观相合

三观（即世界观、人生观与价值观）相合，真诚相交；三观不合，无须强融。三观相合，才能走得远；三观不合，很快就会散。

三观相合的核心在于理解、包容和信任，并不是要求两个人的兴趣喜好、思维方式等方面完全一样，而是能够求同存异，你跟我虽然不一样，但是我能尊重并包容你的与众不同。

◎ 频道相同

人与人之间的相处，同频共振很重要。同频的人交流起来没有沟通成本，一个眼神、一句话基本就能互相明白，认知上基本也在一个层级，有聊不完的话题。情商、智商或者认知上，与你在一个频道的人，才会懂你的精神世界，你们才能成为更长久的朋友。

同频才能共振，交流才能交心。与朋友高效沟通要有三种能力：一是观察力，即观察朋友的沟通兴趣在哪个频道；二是应变力，即以朋友为中心，及时调整自己的兴趣频道；三是共情力，或合作力，即同频，与朋友在同一个频道，谈论共同的话题。

有的人与朋友沟通失败主要是共情力欠缺。比如虽然知道朋友对什么话题感兴趣，也能调整自己的谈话思路，但是由于自身知识储备不够，没有共同语言，不能与朋友进行深度交流。因此，扩大自己的知识面，提高自己的综合能力，才是与朋友同频的关键。

◎ 相互信任

《论语》讲："与朋友交，言而有信。"诚信可赢天下，守信方得人心。建立起相互信任的关系，朋友的关系将会变得无比牢固。

对朋友要给予充分的信任，这样才能获得对方的信任，彼此没有信任成不了真正的朋友。

朋友之间的"信"，不仅体现在互相守信，还表现在对朋友坦诚相待，面对朋友的过失、缺点和错误，敢于规劝，敢做诤友。

◎ 相互理解

相互理解，是作为朋友的基本条件。相互理解是对朋友的理想、信仰、认识、言论、行为、习惯充分理解。交友并非一厢情愿，而是需要相互理解、相互宽容。

朋友间并不需要对所有的人和事都有同样的看法，更不必把自己的观点强加于人，求同存异才是相处之道。

关系再好的朋友也是两个独立的个体，真正的朋友懂得正视彼此的差异并相互理解，不必试图让对方肯定或接受自己的观点，也不必刻意迎合对方，事事顺从对方。有共同的话题，又保持独立的个性，如此，朋友关系才能长久。

◎ 相互尊重

相互尊重是平等对待他人的心态及其言行，是一种平等的关系。尊重是有素质的表现，是一种美德，是对别人的认可和肯定。

德国诗人弗里德里希·席勒说过："不尊重别人的人，别人也不会尊重他。"《周易》讲："君子上交不谄，下交不渎。"每个人都有尊严，不容别人加以毁损。一个人不要总是戴着有色眼镜去看他人，要学会换位思考，彼此尊重。

一个懂得尊重别人的人，时时能做到扬人之长，察人之难，谅人之过，言行举止中有礼貌，为人处世时有分寸，不会用自己的标准衡量人，不会用自己的想法约束人。

相互尊重，就是要尊重他人的三观，不争论；尊重他人的职业，不鄙视；尊重他人的劳动成果，不忽视；尊重他人的选择，不干涉；尊重他人的隐私，不窥探；尊重他人的优点，不轻视；尊重他人的缺陷，不嘲笑；尊重他人的习惯，不打乱；等等。

◎ 相互鼓励

朋友间的相互鼓励是我们前行的动力。我们在工作、学习、生活中总会遇到这样那样不顺心的事，可能会让人伤心、失落甚至一蹶不振。但如果此时身边有个会安慰、鼓励你的朋友，那你一定会减少很多负面情绪。

◎ 相互体谅

苏轼有句名诗："横看成岭侧成峰，远近高低各不同。"人间百态，有时候每个人只能看到自己眼中的世界，看不到全貌。有些事，我们站在自己的立场并没有错，但矛盾和冲突就由此产生了。人生的路上，如果懂得相互体谅，将心比心，日子就会很安宁，社会就会很和谐。

我们结交朋友的时候，要时刻记住，不是每个人都像自己一样，每个人都有自己的成长环境和经历，而最好的相处方式就是相互体谅。

◎ 相互包容

世间万物不可能都完美无瑕，包括我们的朋友。不过分苛求任何人，"以责人之心责己，以恕己之心恕人"，这就是包容。

包容是友情中不可缺少的润滑剂。包容朋友主要体现在包容对方与自己的差异，包容对方的缺点和包容对方的无心之举等。包容是肯定自己也承认他人，是一种善待生活、善待别人的境界。

◎ 相互成就

朋友之间的友谊是相互付出，相互欣赏，相互提携，相互扶持，相互滋养，相互成长，相互成就的。正所谓"成人为己，成己达人"。

第四节　交友技巧

◎ 注意坚持原则

结交朋友，要做到原则分明，守住底线。原则是基石，底线是红线，任何时候都不能打折，包括朋友相处。坚持原则，就要做到遵纪守法；坚持原则，就要做到公正无私；坚持原则，就不能感情用事。否则，如果无原则、无底线地交朋友，结果可能会因交友不慎而违法乱纪，悔之晚矣。

◎ 关注自控能力、扛事能力

自控能力不强、扛不住事的人，不适合做朋友。因为这种人很可能就会让情绪和事情处于一种凌乱、失控的状态，会导致你心浮气躁，动摇你的信念，让你放弃目标，从而使你前功尽弃。

人的一生中烦心事、困难事不可避免，真正的好朋友能做到临危不乱，镇定自若，积极助你寻求解决问题的方法。他们明白，问题已经出现，发牢骚、大吵大闹和推卸责任都没有用，他们知道先处理情绪，再处理问题，才更容易找到解决问题的方法。

自控能力和扛事能力，这是成大事者必备的基本素质。一个人若连自己都控制不住自己，有难事也扛不住，让别人如何放心与他交往？情绪自控力与扛事能力是一个人成熟与否的重要标志。

不让自己的行为受制于坏情绪，关键时刻能扛事的人，才更有能力去把控人生，这样的朋友才可靠。

◎ 关注坚持实干的人

有的人没有真才实学，却喜欢夸夸其谈，在为人行事上，说一套，做一套，说话做事漂浮，不扎扎实实地工作。要远离这种不靠谱的人，否则可能会影响你的事业发展。

重实干、不浮夸的朋友，实字当头，以干为先，不务虚功、不图虚名，从大处着眼、小处着手，肯在艰苦磨砺中奋斗，肯在解决问题中做好工作，肯在攻坚克难中增强本领，多干事、干实事、干好事，愿奉献，能付出，有作为。这样的朋友可放心交往，并且是我们学习的榜样。

◎ 关注患难与共的人

如果你身边有这样的人，在你消沉时，给予鼓励，在你困难时，尽心相助，同你患难与共，祸福共担，他就是最真心、最靠谱的朋友。

真正的朋友往往不是那些锦上添花之辈，而是雪中送炭之人。人这一生，许多时候就是在困境中生活，在困境中解决问题，在困境中结交朋友，在困境中加深感情。危难之际见真情，真正的朋友必定能够经得起时间和环境的考验。

◎ **注意加强沟通**

不擅与人沟通、做事没有交代的人，总是一意孤行坚持自己的观点和判断，不能体会其他人的感受，从而不愿意接受他人的反馈。这样一来，就容易导致信息不对称，不能够较好地协调双方的矛盾和问题，既可能影响双方的生活或工作，还可能影响朋友间的友谊。

反之，一个善沟通、有交代的人，如果答应朋友的事情虽然没有做到，但只要能及时与朋友沟通，反馈情况，对事情有个交代，仍会让朋友觉得值得信任。善于沟通且事事有交代的人，能够让朋友更信任，这种朋友是最靠谱的。

◎ **注意欣赏朋友**

一个人要懂得欣赏朋友，懂得为朋友喝彩。学会欣赏朋友不仅是一种尊重，也是一种鼓励、一种肯定，更是一种美德。欣赏与被欣赏，是双方一种互动的力量，所以别吝啬你的欣赏，它给朋友和你带来的力量，是你意想不到的。

欣赏朋友的学识，会提高你的认知；欣赏朋友的成就，会增加你的信心；欣赏朋友的大度，会开阔你的心胸；欣赏朋友的善举，会净化你的心灵。

◎ 注意赞美朋友

赞美是现代交际不可缺少的，更是与朋友相处必须掌握的技巧。赞美的效果常常出乎意料。几句简单的赞美，会让人感到心理上满足，可使对方产生亲和心理，为沟通交往营造良好的氛围。

每个人都渴望得到别人的重视和赞美，只是大多数人把这种需要隐藏在内心深处罢了。所以，结交朋友千万不要吝惜你的赞美之词。语言要准确、真诚，配上恰当的手势、眼神，让人感到你是在真心实意地称赞他，而不是虚情假意地恭维他。

要赞美别人，必须找到赞美点：看表情，分析心情；看服饰，猜度个性；看陈设，琢磨爱好；听谈吐，了解层次；等等。借助朋友桌上摆的、墙上挂的、手上拿的物件，身上穿的服饰，学习上的进步，事业上的成就，家庭上的和谐，等等，真心实意地加以赞美。

◎ 注意朋友面子

朋友之间还需要顾及彼此的面子吗？当然，面子对于任何人来说都非常重要。每个人对于面子往往都存在不容侵犯的保护意识。如果你能顾及朋友的面子，处处为朋友的面子着想，朋友必然会因此对你好感倍增。照顾朋友的面子，是对朋友满满的诚意。

◎ 注意谦虚谨慎

明朝哲学家王阳明在《传习录》中指出,"处朋友,务相下则得益,相上则损。"交朋友互相谦让就受益,互相攀比就受损害。谦虚谨慎,放下身段,不是自卑,不是怯懦,而是一个人走向成熟的开始。

交朋友要谦虚谨慎,以诚相待,你敬我一尺,我敬你一丈,互学互帮,共同进步,才是真正的朋友。

一个谦虚谨慎的人,可以从朋友的交往、谈话及讨论问题中,得到一些启发,领悟到一些独到的经验,或得到某些有用的信息,使自己的事业进步。

◎ 注意接受批评

明代苏浚在《鸡鸣偶记》中把朋友划分为四种类型:"道义相砥,过失相规,畏友也;缓急可共,死生可托,密友也;甘言如饴,游戏征逐,昵友也;利则相攮,患则相倾,贼友也。"他将"道义相砥,过失相规"的"畏友",作为交友的最高境界。

畏友,就是敢于批评你,指出你的过错,与你肝胆相照的朋友。人生路上,那些敢于找出你的缺点,指正你的错误,批评你的朋友,绝对是你的良师益友,千万要珍惜珍重。

只有真正爱你的朋友,才会对你诚实相告,助你改正;只有真正希望你好的朋友,才会对你苦口婆心,耐心规劝;只有真正在乎你的朋友，才会对你直言不讳，与你坦诚相交；只有真正关心你的朋友，才会找出你的不足，帮你成长；只有真正对你负责的朋友，才会向你提出建议，使你少犯错误；只有真正保护你的朋友，才会给你指点迷津，使你不走歧路。

◎ 注意边界感

朋友相知相交，彼此之间都要留出空间，把握好分寸。在好友之间建立一定的边界，才能够有效避免一些尴尬和矛盾。不管多么亲近的朋友，都应该尊重对方，不能全凭自己的心意，为所欲为。特别在与朋友的交流中，因为知根知底，更应该要注意有所顾忌，避免随意碰触朋友的隐私，也不要去揭朋友的痛处。不尊重边界的友谊，很难走得长远。

◎ 注意不要改变朋友

人人生而不同，每一个人都是独立的个体，都有着自己的思想和喜好。朋友之间可以交流，可以支持，可以滋养，可以交融。但不能用自己的标准去要求朋友，不要把自己的想法强加到朋友身上。

◎ 注意不要评判朋友

每个人都有自己独特的生活方式，每个人也都有自己不同的人生轨迹。人们所处的成长环境不同，立场角度不同，看法、活法自然也不同。世界很大，人生本就没有所谓的统一标准。有时你的评判，并不代表其他人也认同；有时你的看法，也并不符合朋友的真实情况。

不要轻易去评判一个朋友，因为每个人都有不为人知，甚至隐藏很深的一面。不轻易去定义和评判他人，体现了一个人的修养和素质。

◎ 少看朋友缺点

不要以自己的长处，去看朋友的短处；不能总是看到朋友的缺点，咬着朋友缺点不放。如果你总是盯着别人的缺点，不仅会让对方讨厌你，甚至会使其自尊心受到打击。

人无完人，朋友身上有缺点。我们应以一种宽容的心态去交朋友，多看朋友身上的优点，才能更好地与朋友和睦相处。

◎ 不要低估朋友

结交朋友时，正确的态度是不卑不亢，既不高估自己，也不低估朋友。一个真正成熟的人，永远不会以自己的观念，去衡量别人的层次高低、爱好好坏。不要因为自己看不见，听不到，识不明，就低估别人。

"天狂必有雨，人狂必有祸。"谁也别低估谁，谁也别小瞧谁，不低估朋友即对朋友的尊重和肯定。

◎ 交友是为别人搭桥，为自己铺路

很多时候，为别人搭桥，其实也是在为自己铺路。善待他人，就是善待自己。人抬人高，某种意义上讲，凡是你对别人所做的，就是对自己做的。"云映日而成霞，泉挂岩而成瀑。"真正的朋友，懂得相互扶持，彼此成就，相映成辉。

◎ 学会说"我不懂，请你帮我"

每个人都不是万能选手。很多时候，我们需要去求助朋友，通过朋友的协作完成一些事情。

"我不懂，请你帮我。"这句话有时候很难说出口，因为这意味着自己有知识、技能、经验等方面的不足。而寻求朋友的帮助，也代表着自己与朋友的差距。于是在很多人的习惯里，就没有求助朋友这个选项。他们更想自己什么都懂，什么都会，无所不能。但其实这也是不可能的。

与朋友交往要学会说："我不懂，请你帮我。"不论你愿不愿意，都必须学会求助，学会协作。当然，在求助之前，自己要先思考、先努力，别直接当伸手党。

　　求助也体现了一个人的智慧和情商。求助朋友的时候，态度要诚恳，要清楚地描述需求，而不是含糊其词，更不能盛气凌人。

第六章

问管理——高效管理的智慧

第一节　自我管理

◎ **目标管理**

有志者事竟成。通过目标管理，可以帮助我们认清方向，使自己的学习、生活与工作都有明确的目标和方向，避免盲目性、随意性和被动状态，防止形式主义和无效劳动。

目标管理的作用：有助于锁定自己努力的方向，调动自己的积极性与创造性；有助于集中精力和充分利用资源开展行动；有助于节省时间，提高效率；有助于加强自律，克服拖延和懒惰习惯；有助于对目标实行监测、评估、检查、总结及改进；有助于提高成就感与幸福感。

目标管理要坚持明确性（具体化）、衡量性（量化管理）、阶段性（短期、中期、长期）、可实现性（切合实际，与自身资源和能力相匹配，目标既不能太大，难以实现，又不能太小，没有成就感）、时限性（有明确的完成期限）等原则。

如何做好个人目标管理呢？

定性梳理，设定目标。根据人生金字塔模型，梳理个人需求，确定学习、工作、家庭、理财、健康、交友等方面的目标。

定量明确，分解目标。 要科学制订目标和分解目标：比如，二十年规划、十年规划、五年规划和三年规划；单身阶段规划、结婚阶段规划和育子阶段规划；青年时期规划、中年时期规划和老年时期规划。再如，升职规划，向高管发展；升级规划，向专业人才或专家发展；涨薪规划，实现财务自由；升值规划，向具有高市场价值的人才方向发展；等等。

学会拒绝诱惑，把精力用在自己最擅长的领域。在每件重要的事情上都要及时、合理地设置自己的目标，这些目标包括长期的愿景和短期的激励。专注于目标能帮助你管理好你的行动，最大限度地利用你的雄心和抱负。

制订计划，限期完成。 在规划目标的基础上，制订相应的年度计划、季度计划、月度计划、周计划与日计划。计划要量化，并明确规定完成时限。

执行计划，落实行动。 个人目标制订好后，一定要有切实可行的行动方案。工作有要求，完成有时段，保障有措施（手段），进度有督办，结果有奖惩。目标管理不是为了"想"，而是为了"行"。

目标上墙，加强监督。 将目标挂在自己房间的墙上，告诉自己的家人与知己，自我监督与家人（朋友）监督相结合，及时纠偏，确保完成。

总结回顾，定期复盘。 一个目标计划完成后，要认真总结、复盘，找到不足，便于完善改进，并及时给自己奖励。

◎ 清单管理

清单管理的作用。清单通过计划、执行、检查和总结四项功能，使自我管理规范有序。

在信息庞杂的今天，清单管理会提醒我们不要忘记一些必要的步骤，并明白该干什么。清单管理既是一种检查方法，又是保障高水平绩效的纪律约束。

掌握清单管理的方法。我们在工作、学习与生活中，要习惯给自己列出一个计划清单，每完成一项就在该项处打"√"。包括目标清单、职责清单、任务清单、执行清单等。

我们绞尽脑汁想要做成一件事前，不妨先思考一番，确定大目标，然后将大目标分解为小目标，列出管理清单，并加紧行动，否则光想不做，贻害无穷。

每一个做事有条理的人，都有一份清单，不管这份清单是在脑子里，还是在电子表格上，抑或是在手机备忘录上。

◎ 文件资料管理

你有没有在某个时刻突然想起自己有一份资料，很适合现在的某项工作，但你却无法从众多的、混乱的文件资料中及时找到它，即使进行了反复搜索，依然没有找到。

个人文件资料管理不善，会带来许多问题：重要文件资料丢失，可能会失去某些资源与人生的重要回忆；需要使用文件资料时找不到；手忙脚乱，耽误事情，特别是耽误学习与工作；文件版本太多分不清新旧；有用的模板不能被重复利用，失去了提高效率的机会；等等。

解决这些问题，可从以下几个方面入手。

建立分类系统。每个人根据工作、学习、生活的不同，可以寻找适合自己的分类方法。

首先，确定一个文件保存的目录结构。比如，按时间分类，可以把项目名称放在二级分类；也可以按项目分类，把时间放在二级分类。文件夹可建一、二、三级目录进行细分管理。建好分类系统后，最好再用思维导图创建一个目录，方便查找。

其次，确定文件的关联性。可以将逻辑思维运用在文件分类上。分析文件属性后，再进行分类归纳。

最后，确定文件的重要性。对文件进行重要性分类，有利于文件的清理，避免清理掉一些重要的文件。

以客户经理为例，必须建立法律法规夹、规章制度夹、产品夹、客户档案夹、市场信息夹、营销与风险管理案例夹、工具模板夹、培训学习夹等八大文件夹，八个一级目录下可再分二级目录与三级目录。

以家庭为例，需要建立家庭财务收支夹、大宗物品发票夹、电器说明书夹、各类照片夹（又可细分全家福、老人、本人、配偶、子女二级目标，在每个目录下面又可建国外游、国内游、工作照、生活照等三级目录）、体检（病历）等个人健康管理夹、银行卡与手机银行夹、本人发表文章夹及小孩发表的作文夹等。

巧妙利用文件名。一个文件资料的第一信息就是文件名字，如果全是"新建文本文档1""新建文本文档2"，绝对会让人抓狂，但仅仅是"××项目说明"也是不够的。

文件夹的命名方法有很多种，可以选择适合自己的方法。但是命名的时候必须注意格式的统一。建立一套统一的命名规则，例如：文件的命名可以采用"序号—时间—文件主体—文件内容"的格式。

接收到文件资料后，按照自己的命名方法更改名字。

在编辑文件时，一定要另存或新建，避免对原始资料进行改动。此外，文件名中的日期要根据实际情况更改，以便分清是新版还是旧版。

及时清理与整理。定期舍弃一些不必要的资料。计算机的存储空间是有限的，比如电影、电视剧、应用程序等文件，没有必要保留的，可以定期进行清理。

文件整理看似是一件很枯燥的事情，实际上却是一项很有价值的工作。资料整理本身并非最终目的，而是一种提高工作效率的方法，通过整理文件还能学到一种系统化的思维方法。

积累通用模板。在学习、生活与工作中，有不少事情会定期重复，也有不少任务比较相似，积累通用模板，可以节省很多时间，极大地提高工作效率。需要注意的是，使用模板后，一定要认真检查，避免出现A项目的资料中存在B项目名称或相关内容。

及时备份并多重备份。所有的个人文件资料一定要及时备份，还要多重备份，以防万一。

◎ 信息管理

我们身处大数据时代，数据就是生产力，信息就是竞争力。现代人，特别是青年人，必须不断提高信息管理能力，这是一个人工作、学习和生活的必备能力。

信息收集能力。我们可以利用内外多种渠道获得各种信息。内部渠道指工作单位内部的信息（但要切记：信息传递与使用时必须遵守国家和单位的保密法规），包括部门共享（如销售部门与产品部门、财务部门等）、系统挖掘（如各种管理系统、营运系统等）和人员渠道（如亲朋好友等）；外部渠道包括机构信息（如工信、市场监督、税务、发展改革委、招商办等政府机构，行业协会、商会、市场管理方、物业公司等非政府机构）、客户转推介（老客户转介绍）和网络搜索情报（各类网站）。

建议关注一些重要的行业网站、一些重要的资讯网站，及时搜集市场信息和其他信息；与客户、同行进行交流，向同事咨询，以了解信息等；关注客户或合作伙伴所从事行业的上下游产品及上下游公司信息；从工信、市场监督、税务、招商、海关等单位了解信息；从政府机关有关职能部门了解信息；等等。

同时，一定要通过大数据平台来收集信息，充分利用所在单位数据平台、政府数据平台、营运商数据平台、第三方数据平台、社会网络数据平台等，做好大数据时代的信息收集。

信息分析能力。一个人对获得的各种信息要进行认真分析、加工处理，做好信息判断，寻找自己的发展机会，包括学习机会、自我成长机会、事业发展机会、商业机会和工作业绩提高机会等。

信息分析的方法主要有定量分析和定性分析两种。

定量分析方法主要运用数学与统计学的方法与原理，把对影响自己发展的众多因素进行量化。例如主成分分析、多元回归分析、贝叶斯分析等。

定性分析方法主要依据主观判断能力对自己发展的趋势进行分析。例如：层次分析法、德尔菲法等。

信息利用能力。有价值的信息，要及时进行有效利用，如用在事业发展上、学习上、自我成长上、家庭管理上、社交上等，确保实现信息价值最大化。

垃圾信息屏蔽能力。信息屏蔽能力，是指一个人排除负面信息，屏蔽无效、无用信息的能力。在信息时代，一个人对无效、无用信息的屏蔽能力变得越来越重要。

我们可以删掉无关紧要的App，关闭手机无效信息的提醒，精选微信朋友群，减少看手机的时间，多读书，多运动等。当你主动过滤掉无效、无用信息的时候，你的每分每秒都将变得更有意义。

提高屏蔽能力，有利于提高专注力，一心一意、心无旁骛，集中精力去做一些有价值的事，专注创造价值、成就事业；提高慎独力，静下心来好好看看自己，反思自己，观察世界，享受人生；提高转换力，换一个思路，变一种生活，换一个频道。

◎ 时间管理

时间是最需要管理的。现代管理学之父彼得·德鲁克说："时间是世界上最短缺的资源，除非善加管理，否则人将一事无成。"经验表明，成功者和失败者的区别在于怎样进行时间管理。事实上时间管理也是一种自我管理，是一种自我学习与训练的过程。毕竟，是你自己在使用时间，是你自己在控制生活。只有你养成了管理时间的习惯，时间才会受你管理。

要管理好时间，必须了解自我，找出自己的时间浪费在哪里。根据调查，人们最常在下列事项上浪费时间：电话太多，无效和无用信息干扰，没有做时间规划，做事缺乏优先顺序与计划，缺乏自律，不懂拒绝，过多的杂务，无意义的社交活动过多等。

通过时间管理，我们可以把零碎时间变成有用时间，把无聊时间变成有趣时间，把杂乱时间变成有序时间，把拖延时间变成行动时间，把低效时间变成高效时间。

科学管理时间的方法和技巧。时间管理也是有方法和技巧的。下面列出一些方法和技巧供参考。

一是强化时间观念。时间观念对于一个人的影响非常大，它体现了一个人的基本素质，也反映出这个人是否可靠。培养良好的时间观念，既是对他人的尊重，也是个人素养的重要体现。

二是懂得规划时间。优秀的时间管理者，把一天的时间分为几类：固定日程时间（根据自己的情况和人生阶段决定，如工作、学习、运动、旅行、家务等），休息时间，弹性时间，留白时间，反思时间。越是高度自律的人，时间颗粒度越细。

他们懂得科学规划时间，把时间用在刀刃上，做到效率最大化。把日程表精细化，包括任务小项、起止时间，并严格实施。

比如，上班路上可能会出现塞车等情况，如果卡着点出门就可能会迟到。有时间观念的人总能合理地安排好自己的时间，做好时间预算，打好提前量，工作起来就会有条不紊，很少出现差错，工作任务总是能按时完成。

三是充分利用"时间杠杆"。用20%的时间，解决80%的常规工作。而80%的时间则用来完成关键、重点任务。因为关键、重点任务决定了我们80%的工作成果，所以一定要把主要精力用于完成关键任务。

四是戒掉拖延习惯。必须戒掉拖延习惯，切断干扰源，别再对自己说"待会再做"，现在就开始行动。你必须遵循5分钟定律：你想做一件事，要在5分钟内开始行动，否则，这件事你可能就会拖延很久，甚至不去做。5分钟是个泛指，强调的无非是"立刻去做"的重要性。

五是写好时间管理日记。如果要搞清楚自己的时间究竟是怎么用掉的，最好的方法就是每天详尽地做记录，把所有大小活动以及用掉的时间全部记录下来，就可以看出时间的真正去向。

时间管理日记内容包括：按时间顺序记下每天预定和实施的活动项目，并对每一活动设定先后缓急的顺序，以及自己在这些事项上究竟花了多少时间；写下其中未能完成、半途而废的项目和原因；写出对每项活动的评价与应改进的地方。

写时间管理日记，最主要的目的是对项目的分析、追踪与检讨，对于其中的问题一定要纠正，否则就是无效的日记。

六是增强坚持时间管理的毅力。要改变自己使用时间的习惯，的确需要很大的毅力与决心。"没有时间"是借口，也是你自己的选择。你想做时间的主人，可是你习惯性地成为它的奴隶；你也想管理时间，可是你没有习惯在错误中总结经验教训；你做了时间规划，但又未付诸行动，你也不会与高效结缘；你行动了，但没有长期坚持，那将难以成功。

对于时间管理而言，找出时间浪费的原因与改进之道只是治标，唯有锲而不舍、持之以恒的实践，才是治本。

七是养成管理时间的习惯。断舍离后，调整心态；梳理思路，循序渐进；坚持有序管理原则；及时更新任务清单；把计划写下来，不要只放在脑海中；制订好计划就要执行下去；将大目标分解成多个小目标；小任务立即处理，5分钟能做的立即完成；因人而异定制时间模块；精准的作息安排；击退干扰，集中精力做事情；区别优先级，找出重中之重；设置切实可行的截止时间；一段时间只专注于一件事；别贪心，如果自己事情实在太多了，敢于交给别人去做；今日事，今日毕；充分利用好科技手段；设定闹钟管理时间。

◎ 自律管理

明确自律的目的。 自律可以训练我们掌控自己的能力，用科学的方法去面对和解决不确定的事情及问题；自律能够让我们严格约束自己，对自己的人生负责；自律能够让我们学会管理自己，保持事业与家庭、学习和生活的平衡；自律让我们有了前进的助推器，能够努力让自己每一天都有进步；自律能够让我们建立自信，不断提高学习能力，提高工作业绩，成为更好的自己。

总之，通过自律，我们可提高将这两件事做到极致的能力：一是做不喜欢但应该做的事；二是不去做喜欢但不应该做的事。达到"从心所欲不逾矩"的境界，才是真正的自律。

增强自律的意识。自律管理，是最强者的本能。真正的自律是一种信仰、一种自省、一种自警、一种素质、一种自爱、一种觉悟。增强自律要做到以下几个方面：

一是增加自觉意识。自律的"自"就是自觉，规律来自自驱，自己要求自己，主动作为，不需要别人监督。

二是增强约束意识。

三是增强坚持自律的意识。自律很难，贵在坚持；持之以恒，才有成效，你才更有底气掌控人生。

制订自律的目标。从某种意义上而言，自律就是能够坚定地去执行、实现自己的目标和计划。

我们还要为自律目标制订自律计划，并将目标拆解为小项目，循序渐进，在实施中调整，在执行中完善。

培养自律的习惯。当自律变成一种本能的习惯，你就会享受到它的快乐。有人说，自律的前期是兴奋，中期是痛苦，后期是享受。每个人心中都有自己期待的生活、渴望的人生，而自律就是那把可以开启人生之门的钥匙。

掌握自律的方法。首先确定一两个方向，逐步形成习惯后，然后再制订其他的自律目标；可以从小事开始训练自己的自律，量力自律，是敲开自律大门的正确方式；坚持有弹性的自律，比如每周游泳两次，每周读书三次等；学会控制欲望和情绪，远离诱惑；严格自律，说到做到；坚持长期主义，不急于求结果，把眼光放长远；及时奖赏自己；利用榜样的力量，与优秀的人在一起，营造一个让自己不断成长的"场"，通过他律督促自己；接纳偶尔不自律的自己，适当休息；定期反省和巩固。

◎ 微信管理

学微信。微信已成为我们重要的学习平台之一。多关注一些知识含金量高的微信公众号，多留意一些优秀朋友发的朋友圈，可以学到许多新知识，包括新行业、新产品、新技术、新法规、新风险、新理论、新方法等。

写微信。每个人可以根据自身情况，撰写包括工作、读书、管理、修养、思维、旅行、家庭、健身等方面的文章，特别是可写一些短文、短句在微信朋友圈发表，主要写给自己看，也可分享给朋友。

留微信。对特别有价值的微信资料，通过复制到手机备忘录、下载到电脑资料库，以备查用。对自己工作、旅行过的地方，通过照片、文字、定位等方法进行信息留痕，相当于游记，给自己留下美好的回忆。

用微信。微信是一个很好的交流与共享的平台。微信联系既准确又高效。工作联系时，建议少用语音，多用文字留言。

传微信。对有价值的微信，通过朋友圈与公众号传播，供朋友们共享，既有益于他人，又快乐自己。

◎ 形象管理

良好的个人形象和媒介公众形象，有赖于个人内在素质的长期培养和个人形象诸多要素的训练。

媒介形象也就是外在形象要素，主要包括：衣服的选择，颜色的搭配；演说的技巧，音调的变化；姿势的设计，动作的调整；自信心的树立，应对的方法；道具的安排，环境的布置；等等。

所有这些要素的选择和训练，都不是随意的，而是必须根据每个人的素质、具体条件和特定环境而定。这些周密思考和精心安排都是为塑造一个具体感人、完整统一，又鲜明独特的个人形象和媒介公众形象服务的。

树立良好的自我形象，才能增强对公众的吸引力、感召力，获得公众的信任。

品牌形象管理。每个人都应该建立自己的品牌，这个品牌是由你整个人构成的，绝不会因为你换一个工作或一个单位而有所改变。每个人都可以塑造出一个好的、令人赞叹的形象和特征，或者说个人魅力，打造自己的品牌形象。

有许多方法能够使你与众不同,形成你个人的优势和品牌。这些方法既可以与你的工作直接相关,也可以不相关。例如,你可以熟练掌握一门外语;你可以成为某个方面的专家,如产品专家、营销专家、书法家、钢琴家等;你可以学习一种方言;你可以成为一名幽默大师;你可以成为一个足球迷或戏剧迷;你可以成为一个收藏家;你可以成为一个业余作家,写一本有用的书;等等。

礼仪形象管理。每个人特别是青年人都要学点公关礼仪,这是一个人在社会交往和业务往来中,为了塑造个人和企业、单位的良好形象而应当遵循的行为规范和办事准则。

礼仪包括"礼"和"仪"。"礼"即礼节、礼貌、礼俗;"仪"即仪表、仪态、仪容、仪式。

首先,我们讲一下,服饰装扮礼仪。有人说:"服装是一个人的名片和徽章,服装左右着一个人的事业。"常言道,三分长相七分打扮,可见服装对一个人的形象,特别是给他人的印象有不可忽略的作用。

在现代社会中,服装更是一个人内在修养及气质的集中体现。当一个人初次与他人相见时,他人对你的第一印象很大程度上来自你的外表。美国著名销售大师之一弗兰克·贝特格在《我是这样从销售失败走向销售成功的》一书中说:"初次见面给人印象的90%产生于服装。"因此,依据接触人的态度、身份、文化、场所等来选择不同的服装很重要。

其次,是仪表礼仪。一是要把握护肤要领,皮肤一般分为干性、油性和中性三种类型。皮肤的类型是先天的，我们要根据自己的皮肤类型进行日常护理，同时配合科学饮食和锻炼，保持精神愉快和足够的睡眠，保持健康的皮肤状态。

二是学会化妆。化妆应遵循三个原则：力求反映出自己特有的气质，要因人而异，因时而异，因地而异；要崇尚自然美，既有色彩渲染，又留有自然气质；化妆要讲究整体效果，力求协调。

三是注意发型选择。在社会交往中，发型是影响人们彼此第一眼"直觉"的主要因素。人的脸庞变化一般较小，但发型的可塑性较大。选择发型必须遵循以下两个原则：要同人的职业、性格、传统习惯等社会因素相和谐；要同人的身高、体形、年龄及所处的季节、气候等自然因素相和谐。

男性发型重在得体、和谐，力求体现男性阳刚之美。女性发型要从自身条件出发，为整体美锦上添花，切不可盲目摹仿，赶时髦，要根据脸型、年龄、职业、季节来选择发型。

最后，是体态礼仪。站有站相，坐有坐相，就是要求人们注重体态礼仪。

一是站姿优雅。男性在站立时应端正、庄重，具有稳定感。古人所说的"立如松"即是讲站姿的挺拔与稳定。一个人端立于前，从正面看去，以鼻为点向地面做垂直线，两侧的人体均衡对称。

女性站立讲究挺直、舒展，古人常以"亭亭玉立"来形容。其动人的立姿表现为：自然直立，挺胸收腹，腰直肩平，下巴微收，使头、颈、腰、腿保持在一条直线上，重心放在双脚中间。

二是坐姿文雅。男性坐姿，要躯干竖直，肩平头正，腰背贴椅，两腿自然弯曲，双脚并列于地面，以形成一种端正、平稳、舒适的坐姿，即所谓"坐如钟"。

女性的坐姿则更能显示一个人的风度和修养。女性落座时要轻缓，从容大方。双腿自然弯曲并拢，如穿裙子，要注意把裙摆收起。颈直目平，两手重叠放在腿上。

三是走姿优美。上体保持站立时的姿态。表情自然，双目平视，手臂伸直放松，手指自然弯曲，摆动时，以肩关节为轴，上臂带动前臂前后摆动。两腿迈步稳重均匀，膝盖正对前方，足尖微微外展，脚跟脚掌依次落地，两脚跟始终在一条直线上，重心稍向前，走路的速度不要过快或过慢。

表情形象管理。表情是人的心理活动有意无意地流露与表现。按照表达情绪的身体部位，表情可分为面部表情、身段表情、语言表情。一个人在对外交往时最佳的表情是热情、诚恳。在社交场合，人们主要是通过眼睛和笑容表达自己友好的态度。因此，在社交场合，目光要礼貌，微笑要真诚。

语言形象管理。语言形象管理主要是指人们在见面与告别时的种种寒暄和交往中彼此使用的客套话与敬辞。根据场合，正确地使用文明语言与人交谈，将使你的表达礼貌、优雅，给对方留下美好的印象。

第二节　财富管理

◎ 坚持存钱的好处

存钱是金融理财的手段之一。作家路遥在《平凡的世界》中写道："钱是好东西，它能使人不再心慌，并且叫人产生自信。"

有备才能无患，家中有粮，心中不慌；卡中有钱，家中不忧。一个人，一个家庭，最大的安全感，不是来自推杯换盏间的人脉，而是银行卡里那个可观的存款数字。有人说，一笔存款，也许并不能让你马上实现财富自由，更不可能助你迅速走上人生巅峰。但是，当意外到来之时，存款却能够帮上大忙。

坚持存钱，家中才有备用金，当家庭遇到生活急需，就有了真正的安全感。如下列情况都需要急用钱：当遇到家庭事务为难时，如孩子上大学、老人要进养老院、家庭成员生病住院；当家庭遇到突发事件发生时，如家中有人失业或创业失败等；当遇到人情往来需要时，如亲朋好友结婚送礼等。

有利于提高家庭生活幸福指数。坚持存钱，子女学习就有了充足的教育金，购房、购车就有了足够的首付款，周游世界就有了富裕的旅行费，家电、家具也有钱及时更换等。家庭生活条件得到了改善，生活质量得到了提高，其成就感和幸福感就会大大增加。

从某种意义上说，存下的钱，就是你的资源。而资源，就是你人生破局的能力，也是你幸福生活的支撑。

有利于控制盲目消费。有的青年人不理解的是"现在为什么还要存钱？"有多少花多少、及时行乐的做法，好像更符合他们的想法。但事实上，这种盲目消费、无存钱意识的想法，很大程度上，是一种浮躁心理的体现。因为这部分人在内心里有了攀比的欲望，才会想要及时享乐。

的确，享受当下的时光，感受花钱的快乐，这样的生活是很好的，是能够体验到人间快乐的。但是当这些人遇到家庭危难事情的时候，若没有钱作为基础，事情就会变得非常棘手。因此，在合理消费的同时，坚持存钱依然是非常必要的。

真实的世界没有童话和幻想，只有现实。许多人都经历过身处困难，却身无分文、四处求人的日子。那种每天愁容满面、郁郁寡欢、没有安全感的日子，没有人愿意再经历第二次、第三次。

"先存钱，后消费"的理财方式，能够培养良好的消费习惯，可以让家庭成员有计划地使用资金，将各项开支控制在预算之内，还可以解决和控制"月光族"的问题。

坚持存钱，有计划消费，不大手大脚花钱，是最简单、最朴素的理财之道。

这样做，一方面，能够培养良好的投资储蓄习惯，使人们不断进行财富积累；另一方面，对于个人来说，储蓄不是要把自己变成守财奴，而是要通过储蓄获得"种子钱"，然后进行投资理财。

有利于增加"睡后收入"。坚持存钱，当我们的财富积累达到一定的金额后就可以进行投资理财了，就可以拥有理财投资收入了，家庭就多了一个收入的来源，也丰富了家庭收入的结构。这种理财收益就叫"睡后收入"，也叫财产性收入，就是一个人睡了一觉起来就有收入了，这种即使不工作也能源源不断增加收入的生活状态，想必每个人都想拥有。

人人都需要管理自己的欲望。普通人要先管理自己的欲望，再坚持存款，最后才能创造财产性收入。如果你不懂得尊重钱，不能够爱惜钱，更不能用很好的理财方式让钱生钱，让钱的价值和作用充分发挥出来，那么你最终只会变成一个"过路财神"。

有利于增强我们的存钱自律能力。存钱是一个人顶级的自律。坚持存钱计划更容易让我们维持存钱的自律。一个人若连金钱都管理不好，控制不了，怎么可能控制自己的人生。坚持存钱的人，有着超强的自控力和忍耐力，他们能够延迟自己的满足感，克制欲望。

有利于防止金融电信诈骗行为。坚持存钱，特别是定期存款、大额存单和购买定期理财产品，不到期就不能支取，即使有时不小心遇到了金融诈骗和电信诈骗，也很难骗到你的钱。

◎ 学习并掌握金融理财和财富管理知识

认识评估家庭财务状况和风险承受能力。了解自己的性格、个人或家庭投资风险承受能力评估（保守型、谨慎型、稳健型、进取型和激进型）和家庭财务收支状况，这对做好金融理财和财富管理是非常重要的。市场上有不同的资产配置解决方案，适合不同的人。

学习掌握一些基本的金融理财投资和财富管理知识。金融研究和实践经验都发现，相当一部分投资人对基本的金融理财投资知识的掌握是不够的。例如对利率、汇率、货币流通量、通胀、政策面这些基本宏观概念，以及收益、风险、分散化、固定收益与预期收益、年化收益率、金融衍生产品、基本面、技术面、估值、价值回归、多头、空头等基本金融投资概念都不了解，甚至还存在错误理解。

选择优秀的金融理财投资机构与专业人员。虽然个人可以通过学习和实践提高金融投资收益率，但个人的能力、时间分配可能难以解决复杂的金融投资问题，专业的事情应该交给专业的人来做。

我国的持牌金融机构和专业财富管理机构在投资市场上承担着更多资源配置的重要职能，越来越多的金融机构和专业财富管理机构已经将ESG纳入了公司战略。ESG（Environmental, Social and Governance），即环境、社会和公司治理，也叫社会责任投资，从环境、社会和公司治理三个维度评估企业经营的可持续性与对社会价值观念的影响。

金融机构和专业财富管理机构未来将会更好地发挥资源配置功能，引导资本向善，调整业务重心向ESG倾斜，支持绿色环保产业、战略性新兴产业，将有力推动经济转型，实现高质量发展。

因此，随着我国金融理财和财富管理体制的逐步健全，无论是金融体系还是投资品类、信息披露、资金投向等方面都会进入更加规范、健康、健全的发展道路。

对于个人来说，未来的金融理财市场、财富管理市场可信赖度将越来越高。投资者可以根据自身的财富管理目标，匹配和筛选适合自己的金融理财投资机构，借助专业的力量帮助自己进行资产的配置和管理。

◎ 了解居民全景式金融理财和财富管理新需求

金融理财和财富管理是一个人的终身事业。其目的是通过对自身财务状况的管理，实现财产保值、增殖的目的。你的财富绝对不是只花一段时间好好打理，之后就可以再也不管了。只要你有财富，你就需要一直管理。

目前，我国居民有许多金融理财和财富管理的新需求：银市，银行市场财富管理；险市，保险市场财富管理；股市，股票市场财富管理；期市，期货市场财富管理；金市，贵金属市场财富管理；债市，债券市场财富管理；信市，信托市场财富管理；钱市，钱币市场财富管理；票市，邮票、承兑汇票贴现等票据市场财富管理；楼市，房地产市场财富管理；文市，文化收藏市场财富管理；消市，消费金融市场财富管理；数市，大数据市场财富管理；等等。

◎ 个人理财规划的作用

个人理财规划就是赚钱、存钱、省钱、花钱、护钱之道。个人理财规划的主要内容包含储蓄规划、住房规划、教育规划、投资规划、保险规划、税收规划、退休规划以及遗产规划等。

个人理财规划是调节家庭收支平衡的有力武器。有的家庭由于没有做理财规划，经常盲目消费，导致开支较多，出现支出大于收入的状况，造成了收支不平衡，不易存下储备资金，不易积累财富。从这个角度上讲，个人理财规划是调节家庭收支平衡的武器，其不仅仅是指管理好现在所挣到的钱物，更是用心规划好未来将创造的财富。

个人理财规划是缓解家庭财务压力的有效办法。面对不确定的未来，做好个人理财规划是非常必要的，合理的理财规划可以有效缓解家庭财务压力，提高生活质量。对于青年人来说，不善于理财投资是他们普遍存在的问题。要想转变这种情况，必须让他们增强金融理财投资意识，培养良好的金融理财投资习惯，既要广开源，增加收入渠道，也要善节流，缩减不必要的开支。

个人理财规划是提高家庭生活质量的重要举措。合理的理财规划，能在很大程度上改善财务状况，提高生活质量；可以保证家庭的财富不断增加，进而让我们在保持现有生活质量的前提下，平稳度过中年危机，保证老有所养。

制订理财规划要注意：

青年时期的规划，要侧重赚钱与存钱，学习费用、结婚成家及子女教育资金安排；预防中年危机计划，要考虑职业（职务、岗位）变动风险与再就业、再创业的资金安排；养老计划要考虑退休的年龄、预计退休后每年的生活费用、预计养老费用等问题。

个人理财规划是保障家庭财务安全的"防火墙"。现代家庭的金融理财和财富管理面临的风险更加多元化、多种类、多频次，既包括家庭成员的人身安全风险、健康风险、婚姻风险、债务风险、税务风险、诈骗风险及天灾人祸风险等，还包括金融机构和财富管理机构出现的倒闭、理财投资收益下降、负利率、理财投资失败等风险。

要构建家庭财富保护屏障，实现有效的家庭财务风险管理，就要充分运用各类财富管理工具和金融产品特性，通过各类金融工具的搭配和互补搭建家庭财务风险管理架构。一定程度上规避或降低金融风险、天灾人祸等带来的损失。

有些投资者盲目自信，听说股票挣钱，就一股脑地把全部积蓄投入进去，不考虑后果，结果导致巨额亏损。有的人根本不懂期货和电子货币，却盲目跟风参与投资，导致损失惨重，甚至家破人亡。还有些人看中房地产的升值，超还款能力贷款购房，导致负债累累。究其原因，都是缺乏较好的个人理财规划，没有为规避天灾人祸风险、金融风险与家庭财务风险设置一道防火墙。

如果不懂得利用科学的金融理财方式，就不能提前做好应对风险的各种举措，一旦发生严重的财务风险，个人或家庭就极有可能陷入财务困境。比如，孩子未来没有充足的教育资金，创业不能继续，房贷、车贷没能力偿还，老人的赡养出现问题等。

◎ 学好金融理财七字经

金融理财就是研究存钱、赚钱、借钱、省钱、花钱、管钱、护钱的学问，它需要通过金融产品交叉组合的方式实现，如对银行产品、保险产品、资本市场产品、贵金属产品等产品进行组合。

产品交叉组合是不断变化的。金融产品组合体现的是流动的智慧。不同的人，不同的预期收益，不同的理财目标，不同的内外环境，任何一个内外因素的变化，都可能导致金融产品组合的变化。因此，金融产品组合的固定是相对的，变化是绝对的。

存钱。养成强制储蓄的习惯，建议年轻人在刚参加工作的阶段，每月拿出一部分工资存入存款账户。要掌握一些科学的存款技巧，如做好长期存款与短期存款、定期存款与活期存款、大额存款与小额存款、存款产品与类存款产品、阶梯存款与接力存款等存款产品的组合。

赚钱。树立安全第一的投资赚钱理念。通过事业发展、购买银行理财产品、动产投资、不动产投资与创业等方式来赚钱。但个人创业投资一定要慎重，特别要防止将几代人的积蓄全部拿出来给一个年轻人投资创业，一旦破产，全家人生活都将受到影响。

借钱。要合理负债，如可向银行贷款，但绝不能超出还款能力、超杠杆率、违法违规负债。个人与家庭适度地运用银行贷款，还是有许多好处的，如可合理利用金融杠杆效应，抢抓投资机会，弥补资金缺口，提升生活品质等。

省钱。可充分利用金融机构的客户与产品优惠政策、金融机构合作的商家积分、会员制、信用卡透支等方式省钱。

花钱。家庭开支要量力而出,有计划地花钱。可以运用信用卡透支、贷款花钱等,但要防止超出能力消费,超前消费也要适度控制。

管钱。通过金融机构资金账户管钱、电子银行管钱、金融理财投资管钱、家庭"三张报表"管钱等方式管理财富。

护钱。通过金融资产配置、购买保险、安全密码设置、个人信息保护、防范金融诈骗与电信诈骗等护钱方式,保护家庭财富。

个人(家庭)收入支出表

科目		金额(元)
工资和薪金收入(税后)		
奖金和佣金		
自雇收入(稿费及其他非薪金收入)		
养老和年金		
投资收入	利息和分红	
	资本利得	
	租金收入	
	其他	
其他收入		
总收入		
房屋	租金及抵押贷款	
	修理、维护及装饰	

（续表）

科目		金额（元）
日常生活开支	水、电、气	
	通信费	
	交通费	
	日常生活用品	
	服装、鞋帽、包包	
	外出就餐	
	休闲娱乐	
	其他	
教育费支出	子女教育费	
	成人教育费	
商业保险费用	人身保险	
	财产保险	
	责任保险	
医疗费用	医疗费用	
税费	所得税	
其他支出		
总支出		
结余		

◎ 管理好家庭四个钱包

在投资理财实践中，可以用以下四类钱包对家庭财富进行管理。

第一个是灵活备用的钱包。这个钱包用于应对突发情况，紧急调用。这个钱包投资理财最重要的是要超低风险，随时都可以提取。可以购买金融机构和财富管理机构的现金及类现金产品组合，低风险、低收益和高流动性的特征能够满足应急需求。

第二个是生活费钱包。这个钱包用于吃穿住行所需的开支。建议这个钱包要有固定收益分配，风险要尽可能小，最好投资收益的钱 100% 可以覆盖生活费，提高幸福指数。

第三个是满足未来大额开支的钱包。这个钱包用于未来需要的房、车、子女教育等所有大额开支。建议这个钱包可在预留安全垫（风险资产投资可承受的最高损失限额，即可承受风险损失的底线）的情况下，选择投资风险稍大一些的产品，但风险依然可控，同时收益预期也要相应提升，并满足一定的流动性需求。

第四个是投资增长的钱包。前三个钱包的需求解决了，基本算是实现个人与家庭财富自由了。在此基础上，如果个人或家庭还有多余的钱，而且又有投资经验与强抗风险能力，可用这个钱包适度参与一些高风险投资，比如私募股权投资、证券投资等，追求获得更高的收益，实现财富的进一步升值甚至传承。同时这个钱包对于流动性要求也比较低，5~10 年不退出也没关系。

但是，第四个钱包的管理，切记一定要预留好安全垫，构筑好防火墙（将投资风险与家庭财产安全及生存保障风险、企业风险与家庭风险、风险承担与风险转移进行风险隔离），不盲目投资，不上当受骗，及时止损。

◎ 修建"创收管道",调整收入结构

创收管道与收入结构才是决定家庭经济状况的关键因素。因此要不断修建个人与家庭的"创收管道",调整家庭收入结构,增加"不工作时的收入",如投资收益、存款利息、股权分红等,这样才能真正做到生存有保障,发展有支撑,人生很幸福。

◎ 走出金融理财误区

误区一,认为金融理财就是买金融产品。金融理财不仅仅是购买金融理财产品,更注重的是金融理财的理念与规划,增强理财意识,培养理财素养,做好全家庭、全职业生涯、全方面、全过程理财的规划管理。

误区二,认为金融理财是自己家庭的私事,自己就可以搞定,不需要金融机构服务。专业的人做专业的事更靠谱,金融理财还是由金融机构专业人员提供专门服务与专业意见更好一些。比如投资什么样的基金,购买什么样的理财产品,选择什么样的保险,做什么样的资产配置,等等。

误区三,认为金融理财是富人的事。富人需要金融理财,而工薪家庭与普通老百姓更需要金融理财。通过金融理财管理,合理安排家庭收支,学会开源节流,降低家庭财务风险,提高家庭生活质量。

误区四,认为集中投资最赚钱。金融理财实践告诉我们,资

产配置才是决定投资安全与收益的关键因素。大量理财数据证明，资产配置决定 91% 的投资效果，投资时机与选择具体产品的贡献只有 9%。

误区五，认为家庭投资讲究短平快，效益第一。家庭理财投资更需要长短期理财投资结合，安全第一，保本为先，稳健为上。

误区六，认为应该买涨不买跌。金融投资者一定要认真分析金融市场行情变化与宏观经济金融政策调整情况。行情上涨中也有风险，行情下跌时也有机会。

误区七，认为中老年人才需要金融理财。金融理财需要从娃娃抓起，从小养成金融理财习惯。特别是青年人更需要做好个人理财规划，将其纳入职业发展目标管理，并严格监督执行。

误区八，认为银行理财不会亏本。银行理财产品不同于存款产品。购买银行理财产品也有风险。理财产品有银行自营的，也有代理销售的。

银行理财产品的风险可以划分五个等级：R1 为谨慎型产品，风险最低，收益保本，对应的理财产品有国债、存款等；R2 为稳健型产品，从该等级开始均为非保本型产品，它不保证本金，但风险很小，亏损率接近零，对应的理财产品有货币基金、债券基金、R2 银行理财等；R3 为平衡型产品，风险适中，有一定的本金风险，收益浮动且有一定波动，对应的产品有 R3 银行理财、混合基金等；R4 为进取型产品，风险偏高，收益浮动很大，本金损失的风险较大，对应的理财产品有股票型基金等；R5 为激进型产品，风险是最高的，收益浮动非常大，本金损失的风险非常大，对应的理财产品有私募基金、QDII基金（合格境内投资基金）等。

应当特别提醒大家的是，在金融市场出现重大波动时，银行稳健型理财产品（如保本理财产品）和证券市场稳健型产品（如债券型基金）等，也有不稳定甚至亏本的风险，投资者要做好心理准备和财务安排。

误区九，认为银行存款不会受到损失。根据《存款保险条例》的保障规定，存款保险实行限额偿付，最高偿付限额为人民币50万元。

◎ 充分利用金融平台

从普通大众与企业角度来看，金融就是生活，金融就是生产。老百姓的衣食住行，教育、工作、创业等都需要金融机构的服务。

企业与个体经营户的产（生产）、购（采购）、销（销售）、存（库存）、流（物流、资金流、信息流、产业流、人流）等生产经营管理全过程都离不开金融服务。

普通大众与企业特别是民营企业如何利用金融平台提供的服务呢？

利用金融融资平台，解决资金缺口问题。包括利用银行贷款、金融机构协助发债、上市和其他融资工具等。

利用金融融智平台，解决人才缺乏问题。包括借助金融理财专家，提供财务顾问、上市辅导、并购重组、理财规划等。

利用金融科技平台，解决渠道缺失问题。包括金融机构提供现代支付平台、现金管理平台、电子商务平台、供应链金融平台等。

利用金融信息平台，解决信息缺少问题。包括由金融机构提供金融信息、经济信息、行业信息、政策信息、财务管理信息等。

利用金融服务平台，解决服务缺陷问题。包括金融机构提供金融服务与非金融服务等。

利用金融政策平台，解决对政策缺乏了解问题。包括借助金融机构提供金融政策、行业政策、能源政策、环保政策、土地政策调整等政策咨询服务。如对中小微企业贷款阶段性延期还本付息政策、让利政策，还有国家、地方政府和银行对一些产业、客户、项目、区域的贷款利率、贷款条件的优惠政策等。

利用金融资源平台，解决跨界融合问题。企业（特别是民营企业）与个人可借助金融机构的客户、资金、渠道、信息、人才、科技、政策等强大的金融资源平台，通过并购重组、联合、产业链对接、供应链金融、金融生态圈建设等方式，打造金融+生态圈、金融+场景、金融+产业链、金融+社区、金融+园区、金融+电商、金融+元宇宙、金融+数字等多种金融合作新业态，走跨界融合发展之路，实现资源互享，信息互通，客户互用，渠道共联，平台共建，利益共赢，强强联合，精英联手，战略联盟。

◎ 谨防金融诈骗

目前，社会上出现了许多新型金融诈骗，大家一定要注意防范。

冒充金融机构诈骗。现在有很多不法分子冒充金融机构，发送"手机银行失效"诈骗短信，诱骗大家点击短信中的钓鱼网站链接，填写身份证号、银行卡号、密码等信息，继而盗取大家银行卡上的钱财。

发售没有价值的纪念币。"限量发行""高额回报""绝世珍藏"等词汇都是居心不良的骗子诱使大家上当受骗的惯用伎俩，有些人会担心错过所谓的"独家渠道"而上当受骗。一些不法公司往往自称"央行旗下货币发行机构"，谎称在短期内会帮忙使纪念币"收益翻番"。实际上骗子售卖的只是工艺品，并没有他们吹嘘的那些价值。

推销金融理财诈骗。有的不法分子冒充金融机构员工向大家发送短信，推销高收益理财产品，哄骗大家线上购买，一旦有人向他们转账，立刻就会被拉黑、删除。

网络炒外汇诈骗。很多不法分子借助网络媒介，用类似传销的手法，鼓吹外汇投资平台的"高收益、低风险"，骗取大家的钱财。被诱骗参与网络炒外汇的人员，本以为稳赚不赔，却没料到被"割韭菜"，血本无归，有的甚至倾家荡产。

信用卡异常诈骗。有的不法分子冒充银行发送信用卡异常信息，诱骗大家回电。电话中以核实账号信息为由，骗取大家的银行卡号、密码、验证码等信息，进行透支消费。

冒充社保局诈骗。有的不法分子会冒充社保局工作人员，以完善医保卡、社保卡电子信息为由，套取大家的身份信息、银行卡账号和密码，再假冒办案民警以资金清查为由让你转账，骗取钱财。

预约疫苗诈骗。有的不法分子冒充疾控中心，发送疫苗接种预约诈骗短信，一旦你点击了短信中的链接，并输入身份证号、银行卡号、密码等信息，银行账户中的钱财就被盗走了。

税务申报诈骗。有的不法分子利用境外的号码发送"纳税申报"诈骗短信，也是利用短信中的链接盗取身份证号、银行卡号、密码信息。

学费退还诈骗。有的不法分子打着退学费的幌子让你加入QQ群或微信群，然后再以国家政策调整为由骗取大家的银行卡号、密码等个人信息，或者直接诱导转账汇款。

混淆新兴的金融投资概念。有不法分子利用私募众筹、合伙人、海外股权、天使投资等金融概念诈骗。例如假私募，骗子以投资的名义让投资人交钱，但这些钱并不是用于购买私募产品，而是让原本的投资人变成企业合伙人，合伙投资要承担风险，钱花出去了，但是直到企业无法正常营业，才会发现自己投资的是一个空壳公司。

养老金投资诈骗。这类诈骗和手机银行、信用卡诈骗一样，骗子以提高养老金收益为由，通过短信链接获取大家的身份信息、银行卡号、密码等。

"以房养老"诈骗。 有的骗子在社区以免费体检保健、免费领取纪念品等借口与老人拉近关系,在骗取老人信任后,撺掇老人用房屋抵押贷款,并以高息引诱,最终这些房子几年内就会被卖出,甚至一年就会被卖出,受骗老人不仅损失了本金和收益,连房子也被强制过户。

◎ 防范金融诈骗与电信诈骗举措

提高金融安全意识。 我们应该增加金融知识和增强风险意识,多关注媒体报道和网络曝光的诈骗案件,了解作案手法和风险防范点,并提醒家人与亲友提高警惕。也应该多关注金融机构利用各渠道开展的金融知识宣教活动,多学习防诈骗小知识。

妥善保管个人信息。 在不能确保安全的情况下,不向陌生人提供身份证号码、家庭住址、工作职务等重要信息,不外泄个人账户信息。在网站输入账号、手机号码、查询支付密码等重要信息前要谨慎核实域名真实性,不连接来历不明的无线网络,不点可疑的链接,不随意扫二维码,不向任何人转发短信验证码和任何形式的动态密码。

培养良好的支付习惯。 涉及线上支付时,多核实;核实后不紧急的转账可考虑次日转账;遇到异常时,及时申请撤回;使用正版支付软件。

不要将个人主银行卡(工资卡或社保卡或理财卡)与非银行移动支付软件绑定。 建议与非银行移动支付软件绑定时,只绑定一张银行卡副卡，需要支付时，再从主银行卡转出少部分资金至副银行卡。同时避免在与移动支付软件绑定的银行卡中存放过多资金，以便分散和锁定风险。

莫贪便宜，抵御高收益诱惑。高收益常常与高风险挂钩，如果有人说，他们的理财项目收益高、风险低，就一定要提高警惕，以免落入陷阱。

务必提高警惕。不轻信陌生人的电话、短信、微信；不点击不明链接；不随意安装来源不明的软件；等等。

第七章

问家庭——兴家旺家的智慧

第一节　家庭建设地位

人们常把家庭称为社会的细胞。没有家庭的和谐，就没有社会的和谐；没有家庭的平安，就没有整个社会的安宁有序。家庭建设，可学而至；家庭幸福，始于建设。

◎ **家是子孙后代的根基**

中国人历来重视家庭，家是子孙后代的根，根深才能叶茂。

家是每个人在世界上活着的根基，人来到世间，先是被家中的父母抚养，长大成人，然后结婚成家，生养传承，一代又一代，生生不息。

家是你一辈子的寄托，开心幸福的时候家是你的骄傲，烦恼郁闷的时候家是你的依靠。无论你走多远，只要回头望，父母就在你身后，你一转身就能看见家的模样。家不是冰冷的房子，是有爱的地方，是温暖的地方，是有欢笑声的地方，是有烟火气的地方。

人这一辈子无论变成什么样，家始终都是根基。既然家对于我们如此重要，那么我们就要多付出一些精力好好守护它。

◎ 家是血脉的传承

家是生命的起点,也是生命的延续。我们都明白家庭对于自己的重要性。家是美好和温暖的象征,是我们全部心血的储存地。我们要好好珍惜家里的每一个人,我们要好好地爱家里的每一个人。

◎ 家是幸福生活的乐园

家,给了我们温暖,给了我们支撑,给了我们希望,给了我们理想信念,给了我们无穷无尽的欢乐,给了我们一双自由飞翔的翅膀,给了我们奋斗的底气。

当我们在安享家庭幸福生活的同时,不要忘了为其注入能量,为家庭建设添砖加瓦。

◎ 家是文化孕育的摇篮

家是每个家庭成员的精神源泉,也是孕育家庭文化的摇篮。家属于曾经,属于现在,更属于未来。家庭中每个成员的理想信念、思维习惯和行为习惯相互碰撞、磨合、传承和发展,形成的一种对整个家庭有着重要影响力的环境和氛围,就是家庭文化。

家庭文化的塑造者是家庭的每个成员,主要是夫妻双方。家庭要注重培养孩子的品格和价值观,洞察力和理解力,以及对生命的认知，不要把考试成绩作为唯一目标，不要随意与他人比较，要彼此尊重。

家庭文化的最大受益者或受害者是家庭的每一个成员。可以说，有什么样的家庭文化就会有什么样的家庭和什么样的家庭未来。

◎ **家是你的归宿**

家，是你的最终归宿，是每个游子心底最柔软的地方，也是你拼搏奋斗的最初动力。回家，是你能给父母最好的礼物。

人这一辈子，谁不渴望时时有子女问候，日日有爱人相伴，夜夜有家可归？当你身在外地无亲无故时，家人的一个问候电话，会使你不再感到孤独，因为远方有亲人还在惦记你，这就是幸福感和归宿感。有了家人的陪伴，人生也就有了依靠，在前进的路途中就不再孤单。

第二节　家庭建设内容

◎ **立家**

孩子在家，要学习家庭规矩；进入校园，要学习校园的规矩；

出了校园就要学会社会的规矩；等等。可以说规矩无处不在，而家庭规矩是孩子适应众多规矩的基石。

规矩立于初始，防患于未然。树苗刚种下去的时候就要扶正。"爱孩子"和"立规矩"永远都不是单选题。所以一定要订立家训家规，并严格执行，世代相传。要成就子女，就要让他明白规矩的重要性。

规矩的建立是为了让孩子养成良好的学习、生活习惯，父母不包办代替，在平等尊重的基础上与孩子共同商议。同时父母也要以身作则，彼此互相监督，父母如有违反，也要接受处罚。

◎ 兴家

兴家靠家教。从小帮孩子纠偏，让其走在正道上。宁严毋宽，从小让孩子明白：一分耕耘、一分收获，没有耕耘就没有收获。

此外，还要让孩子懂得尊重父母、尊重长辈、尊重他人、尊重规律。一个家庭留给孩子最重要的财产，不是金银财富，而是家教与家风。

兴家靠家风。好的家风是一个家庭兴旺发达的根本。不论做什么事情，我们都要心存善念，积德行善给子孙后代做好榜样。要始终相信好人有好报，要与子女分享这个观念，代代相传。

兴家靠奋斗。全家人的共同奋斗可以改变家庭的命运。在追逐家庭兴旺梦想的路上，从来没有一帆风顺，不能一蹴而就。很多人都是在打拼事业多年之后，才过上自己喜欢的生活，改变家庭的命运。而那些拼搏奋斗的时光，正是建立幸福家庭的必经之路。熬过去，你会发现，曾经梦想的一切，会一件一件到来。

兴家靠团结。"家和万事兴"，这里的和指的是家人的心在一起，而不是貌合神离。

老话说"人心齐，泰山移"，在一个家庭中，只要成员之间不离心，即便生活中存在小摩擦依旧不会影响家庭的和睦与兴旺。人人都有家，人人都离不开家，无论是为人子女还是为人父母，家庭团结都是向前的动力。

◎ 持家

在勤俭持家的同时，还要谨慎持家。小心驶得万年船，辛辛苦苦创下家业，十分不容易，要想守住这份家业，并在此基础上再创辉煌，更是艰难。

◎ 护家

家庭并不是无坚不摧的，幸福的家庭也需要经营，所以我们需要护家。通过爱护家庭、呵护家庭、维护家庭，来保护家人的人身安全、家庭的财产安全，以及家庭的团结稳定。

爱护家庭的幸福。家庭的爱护包括抚养之爱、教育之爱、言语之爱和陪伴之爱等。

抚养之爱。家人一起齐心协力共同赡养老人，让老人有一个幸福的晚年；家人团结一心一起帮助抚养孩子，让孩子有一个快乐的童年。

教育之爱。家人一起好好教育孩子，孩子也是维系家庭成员之间情感的纽带。

言语之爱。爱护家人的重要法宝是赞美。我们要赞美家人，而不要吹毛求疵。赞美家人的时候，要由衷地大声表达，让家人感受到你的爱。

陪伴之爱。这是爱护家庭的一个好办法。多陪伴父母，多陪伴孩子。亲子关系不是恒久的占有，而是生命中一场深厚的缘分，我们既不能使孩子感到童年贫瘠，也不能让孩子觉得成年窒息。做父母，是一场心胸和智慧的修行。

呵护家庭的安宁。我们可以从以下五方面呵护家庭的安宁：

一是要懂得守候家人。晚上给家人留饭，下雨时送伞，住院时陪护。

二是要多关心家人的身心健康。既要做好自己的情绪控制，少生气，不吵骂，也要注意安抚家人的情绪，呵护家人的健康。把戾气关在门外，将温柔带给至亲，家就能变成遮风挡雨的安乐窝。

三是要营造温馨、和谐、快乐的家庭氛围。可以组织家庭活动，如旅游等，增进家庭成员之间的感情；携手家人，去郊外采摘，尽享生活的幸福。

四是关注家庭成员的需求。对家庭成员的需求，要给予热情支持。

五是要给家人带来乐趣。生活里有太多趣事，山水之趣、鸟虫之趣、饮食之趣、读书之趣、运动之趣。在平凡的生活中，给家人一个惊喜，给生活增添无穷的乐趣。

维护家庭的团结。家庭团结，家才会安定、发展。

善沟通。家人之间要保持良好的沟通，尽量避免争吵和冲突。家人之间，本就是一荣俱荣，一损俱损。比如，家庭成员之间要通过沟通协商来分担家务，共同打理家庭事务，遇到问题，互相商量解决，遇到困难，互相支持。

懂翻篇。家，是休养生息的避风港。总是扒开即将愈合的伤口，迟早会把当下的日子搅得天翻地覆。过去的事情就让它过去，曾经的错误不要一再提起。懂得翻篇，不记旧怨，凡事一码归一码，生活才能蒸蒸日上。

会化解。家人之间发生矛盾是很正常的事，关键是要及时做好调解与化解，凡事多包容，协商解决，再大的冲突也能大事化小，小事化了。

保护家庭安全。保障家庭安全是头等大事。

培养安全意识。家人之间要相互照顾，避免发生意外伤害。

注意人身安全。学习安全常识，学习防火、防水和疏散逃生方法，学习基础的急救知识，可以在紧急情况下有效救助家人；避免在家中存放有毒物品、危险品等，以免误食或误用；保持家庭整洁，防止滑倒或碰撞；定期检查家中门窗是否有破损，及时修补；等等。

注意财产安全。保管好贵重物品；安装门窗报警器、监控摄像头等防盗设备，可以有效防止入室盗窃；注意消防安全，安装烟雾探测器或放置灭火器；定期检查家中的电器设施，及时修理，避免引起火灾。

注意资金安全。重视网络安全，保护家庭隐私，避免网络诈骗、网络攻击等；谨防电信、金融诈骗，学点金融知识，提高防范意识；不要盲目投资，防范重大资金损失；不可炫耀家庭财富，财不外露。

◎ 传家

"道德传家，十代以上，耕读传家次之，诗书传家又次之，富贵传家，不过三代。"我们这里重点思考道德传家、家业和家财传家。传家的关键人是夫妻。作为丈夫、妻子，作为父亲、母亲，作为家庭主心骨，应该要率先垂范，持续传家。

道德传家。 核心是传承家族精神，包括家训、家规、家史和家风。

一是传家训。家训是家族价值观的体现。比如，家族成员应该在什么样的精神土壤中成长，价值观是什么，使命是什么，愿景是什么？家族成员应该保持什么样的生活习惯，以使得我们健康地履行责任？

二是传家规。家规包括生活规矩、事业规矩。比如：反对骄奢淫逸，倡导勤俭持家；反对背信弃义，倡导尊贤尚德。家规告诉我们每个人在家庭中如何履行成员的角色，如何理解其他成员的角色，相互之间如何沟通、如何协作，它约束我们什么能做，什么不能做，什么情况下该怎么做。

三是传家史。传家史是传诵家族的历史与故事，它告诉我们可以从先辈那里得到哪些教诲，汲取哪些教训，获得哪些动力，进而定位自身的目标、责任、义务和使命价值。

四是传家风。家风就是指家族的仪式、家德（即行善积福）与家誉（即家庭声誉、社会关系与人脉网络）、文化、准则与习惯，是一个家族内在的精神动力，更是每个人立身处世的行为准则。好家风是最贵的资产。倡导什么样的家德、家誉与文化，树立什么样的行为准则和习惯，可以帮助我们在精神与行为层面激发对家族的认同感、归属感与荣誉感。

家业与家财传家。包括传家业与传家财两个方面。

一是传家业。事业的传家，至少要历经继承、创造、经营、发展四个阶段。

二是传家财。也就是传富之道。当代家庭对于家财传家可以确立三个目标：将财富公平地分配给子女；学会金融理财，合理进行资产组合，确保家财稳固；将经营财富的观念传递给子女，以保障家业的持续、有效发展。

第三节　家庭建设建议

◎ 建设家风严谨的家庭

看一个家庭的兴衰，要看这个家庭的风气如何，风气好的家庭即便杰出人物少也能长久稳定。如若家风不正，纷争不断，即便腰缠万贯，生活也是一地鸡毛。

家风好很重要，传承也很重要。家风不仅仅是针对孩子，更是针对家庭的每个成员。父母越是严格要求自己，越是能给孩子做出好的榜样。对孩子来说，从小养成好的家风，长大后就会成为习惯而不是束缚。

孩子的成功与否，与父母对孩子的家庭教育是否正确息息相关。人品的树立来自榜样的力量，《道德经》有言："圣人处无为之事，行不言之教。"父母对孩子最好的教育，就是言传身教。父母的一举一动，会深深地烙印在孩子的心底。

培养优秀的孩子，只在孩子身上下功夫是不够的。父母改变观念，乐于同孩子一起成长，才是培养优秀孩子的好办法。家风好的父母，胜过万千名校，他们才是不动资产的缔造者。家庭，是孩子成长的土壤，家风的好坏决定了土壤的品质。

◎ 建设热爱学习的家庭

学习型家庭是一种家庭学习形态，即人人皆学，营造家庭学习氛围；是一种家庭学习模式，即处处可学，寓学习于生活之中；是一种家庭学习文化，即时时能学，以崇尚学习为荣耀；是一种家庭学习方式，即事事需学，家庭成员遇到问题互相讨论，互帮互学，实现共同进步。

教育孩子也是父母的第二次成长，父母与孩子共同成长是解决家庭问题和孩子教育问题的根本方法，学习型家庭是最理想、最有利于孩子成长的家庭教育模式，也是家庭和谐和健康的重要标志。想要孩子变得爱学习，父母就要给孩子营造一个爱学习的家庭环境。

任何人想要成功，不仅需要付出艰辛的努力，而且还要终身学习。读书是使人进步的有效方式，因为书中凝聚了人类的智慧。

一个家庭想要走上坡路，必须重视子女的教育，同时家长自己也要注重学习。

◎ 建设懂得尊重的家庭

美国心理学大师卡尔·罗杰斯说："爱是深深的理解与接纳。"

尊重别人是展示自己的修养和德行，接纳他人是呈现自己的胸怀和心量。在家庭教育中父母要懂得尊重和接纳，这是父母在用自身的素养来引领孩子。

有的父母不尊重孩子的意愿，强迫孩子去参加一些活动或表演，只会让原本内向的孩子变得更自卑，原本自信的孩子变得更敏感。

父母要尊重孩子的选择，从孩子的选择中发现他们的先天优势，鼓励他们。只有这样，孩子才能因为热爱，将自己喜欢的、感兴趣的事情全力以赴做到最好。正如作家冰心所说："让孩子像野花一样自然成长，尊重孩子的天性和选择。"

尊重孩子的前提是信任。尊重使人有底气，孩子最大的福气，就是拥有懂得尊重自己的父母，事事有商量，自信的种子也会在心中悄然生长。家长不仅要尊重孩子，更要尊重他人，孩子在这样的环境中长大，不仅学会了自尊，也学会了尊重他人。

◎ 建设通情达理的家庭

家长要做到对孩子通情达理，一定要把孩子看作是需要被尊重的独立个体。家长要多与孩子沟通、协商学习和生活方面的事情，共同决定。家长要意识到，孩子不应是家长管控的对象，而是一个能够自我发展的主体。

家长的过多控制和过度介入，会扰乱孩子自然成长的过程，影响孩子自我成长的意愿。一个家庭若做不到通情，便无从达理。如果家长懂得控制自己的情绪，让孩子成长在一个正面积极、通情达理的环境中，那么，这个孩子多半也是一个会管理自己情绪的人。

◎ 建设和睦温馨的家庭

德国诗人海涅说："我宁愿用一小杯真善美来组织一个美满的家庭，不愿用几大船家具来组织一个索然无味的家庭。"和睦温馨、相亲相爱的家庭氛围可以让人感受到温暖、幸福。

家庭和睦，父慈子孝，夫妻恩爱，是许多人追求的美好家庭生活。家庭和睦对孩子有着潜移默化的影响。父母之间和谐和睦、相亲相爱，是孩子真正的幸福之源，也是送给孩子最好的礼物。

◎ 建设好好说话的家庭

俗话说："好言一句三冬暖，恶语伤人六月寒。"美国现代成人教育之父戴尔·卡耐基曾说："良好的口才，可以让人倾心于你，广泛交友，替你开辟人生道路，这会使你收获幸福与美满。"

与父母相处，好好说话。我们要多站在父母的角度考虑，理解父母的不安，安抚父母的焦虑。我们要学会包容，接纳双方的差异，理解父母的内心感受。

与孩子相处，好好说话。温和的语言，是家庭中不可缺少的。懂得好好说话的父母，能给孩子提供一个良好的成长环境。对待孩子，要言语温和、友好礼貌。这几句最伤孩子的话，千万别说："你真笨啊！""没出息的东西！""你看看人家的孩子！""你永远都做不到！""再不听话，我就不要你了。"

与伴侣相处，好好说话。对于伴侣而言，好好说话的核心就是有同理心，设身处地为对方着想，尊重比责怪更重要。夫妻之间的隔阂、争吵、冷战，大多是"不会好好说话"造成的。不要没完没了地向伴侣诉苦和抱怨，要多沟通，多协商，多交流，多分享，多互让，多谅解，多包容。

◎ 建设相互沟通的家庭

沟通可以增强家庭成员之间的亲情，增强归属感、荣誉感、责任感。

家庭沟通需要的态度：诚恳、积极、主动等。

家庭沟通需要的原则：平等公平；己所不欲，勿施于人；及时，不拖延；相互理解，了解彼此的本分与责任；等等。

家庭沟通需要的机制：举行非正式的家庭活动与会议；日常家庭成员之间随时沟通；除了大事必须沟通外，小事也要沟通；遇到问题最好当天沟通，不要过夜；等等。

家庭沟通需要的具象：讨论共同梦想、兴趣与爱好、学业规划、养生与健康、工作压力分享等。

家庭沟通需要的语言："你觉得呢？"让孩子、家人大胆发表自己的看法；"你说了算！"给孩子、家人以自由；"不试试你怎么知道呢？"鼓励孩子、家人多尝试；"我需要你，你对我很重要""我懂你，我知道你不容易"，让孩子、家人受到尊重；"我相信你，你可以的"，给孩子、家人以自信。

◎ 建设亲情体验的家庭

亲情需要全家人特别是夫妻精心培养。"五同"亲情体验技巧可供大家参考。

同游。定期组织全家人一同出游，感受大自然和人文风光，可以增进家庭成员之间的感情。

同读。大家一起在家里共同读书，还可以开展家庭读书会、诗歌朗诵会、演讲会，或者一起去图书馆看书。

同看。全家人同看一部电影、一场戏剧，或一场音乐会，体验效果肯定不同，回家后大家又多了一些共同交流的话题。

同劳。争取全家人都参与劳动，做一件事，哪怕是配合烧一桌菜，包一次饺子，做一次家务，共同讨论房子的装修等。

同玩。全家人一起玩一个游戏、散步、逛街、游园等。

◎ 建设有仪式感的家庭

德国作家洛蕾利斯·辛格霍夫在《我们为什么需要仪式》中说："有仪式感的人生，才使我们切切实实有了存在感。不是为他人留下什么印象，而是自己的心在真切的感知生命，充满热忱地面对生活。"作家张爱玲说："仪式感能唤起我们对内心自我的尊重，也让我们更好地更认真地去过属于我们生命里的每一天。"

家庭中的仪式感会使家庭成员之间产生认同感、安全感、稳定感、归属感和价值感，家庭成员之间关系更和谐，亲子关系更融洽，这对于每个家庭成员，尤其是孩子，非常重要。它是一种积极的心理暗示。

仪式感是最好的正面教育。收到孩子的手工作业、绘画、作文等，家长可以拍照或拍视频留存；陪孩子参加学校的亲子活动，观看汇报演出；孩子有进步及时给予表扬；鼓励孩子在家人生日时送上自制的小礼品；一起参加中秋赏月或清明祭祖；等等。这些小小的举动，对于孩子成长的意义远比物质奖励更大。

心理学上有一个正强化理论，即当人们的某种行为，从他人那里得到愉快的结果时，这种结果会反过来，成为推进人们重复此种行为的力量。而家人对于孩子的正向认可，会激励他不断进步，成为更好的自己。

仪式感是一个家庭的保鲜剂。家人生日共同纪念，传统节假日一起度过等。这些仪式感，让我们感受到生活因为某些时刻变得有所不同，让我们对在意的人和事依然保有珍重，也让家人感受到自己依然如此重要。可以说，仪式感是一个家庭的保鲜剂。

仪式感是浪漫的催化剂。父母之间的爱意与关怀，会传递到孩子的心上。偶尔与爱人一起相约看电影、爬爬山、跑步，偶尔给对方一些小惊喜，或是重新走一走当初一起走过的路，翻一翻老照片。爱意的传递，并不需要昂贵的礼物或是大张旗鼓的准备。夫妻间的幸福和关心，有时候就是感冒时送上的一杯热水、一碗姜汤。

仪式感是亲情的传承。在电子照片流行的今天，我们习惯于用手机拍下每个瞬间。我们可以花时间好好整理图片，制作成精美照片书，同家人一起分享，也不失为一种既复古又现代的仪式感。把照片书送给远方的亲人，偶尔翻一翻，其中的温度和情感，就是一种亲情的传承。

我们有许多传统的仪式，从春节团年与拜年、清明、端午、中秋、冬至，到婚庆，都需要走固定的流程以示尊重。我们带孩子经历这一切流程，在庄重又令人敬畏的仪式中，让家族亲情得以一代代存续。

正因为这样一些小小的"用心"与"仪式"，平淡中才多了一些趣味。对于家庭来说，仪式感是尊重，是鼓励，是关心。它并不流俗于大众所圈定的那些节假日，也不拘泥于送礼、吃饭等方式，它是如此私人化、个性化、具体化，充满创意。

当我们想要珍重生活中某些特殊时刻，想让家人通过一些"与寻常不同"感受到关注和爱意，那就需要仪式感。仪式感，是一种我们认真对待生活、对待家人的美好态度。

第八章

问健康——身心健康的智慧

第一节　保持健康的好处

◎ **健康是生命之基**

健康不是第一,而是唯一。生命诚可贵,一个人的生命只有一次,人生只有单程,没有往返。长江一去无回头,人老何曾再少年。对自己的健康负责,让家人健康是责任。人生一场,拼的就是健康。

健康是生命力的源泉,健全意味着旺盛的生命力。你就是生命的主人,你是身体的使用者,滋养或者糟蹋,完全由你自己决定。健康万万不能透支,一旦透支,偿还的可能性极小,甚至没有偿还的可能。

◎ **健康是事业之本**

身体是革命的本钱,也是人们事业成功的保障。健康既是对自己的责任,也是对社会的责任。现代人工作压力大,在养家糊口和追求理想的同时,对社会也有着不可推卸的责任。一个健康的身体，能更好地完成工作任务，创造更多的社会价值。

有了健康，才有方向和目标，才有事业的发展。没有健康的身体，即使有远大的抱负和卓越的才能，也无法实现梦想。身体好了，才能更有精力投入工作中。身体健康意味着你会拥有做好工作必备的精力与敏锐性。

上司更喜欢身体健康，能按时、按质并创造性完成任务的员工。如果说，连自己的身体健康都不能保证，即便有远大的理想，最高的志向，或最好的工作，也都只是空中楼阁，无法践行。

健康的身体是你成就事业的得力助手，也是推动你事业发展的强大动力和最根本的保证。现代商业社会的竞争拼速度、拼智慧、拼能力，而这一切更需要你有一个健康的身体。

◎ 健康是人生之福

身体健康，是一个人最大的底气，也是人生最大的福气。生命不存在，谈何人生？健康不存在，谈何幸福？人一生可能会干很多蠢事，但最蠢的一件事，就是忽视健康。

健康是人生之福，于社会、家庭、个人都至关重要。如果因为缺乏身体条件而不能实现人生梦想，乃是一桩憾事。

身体是自己的，没人能为你的健康买单；人生也是自己的，没人能为你的人生负责。

◎ 健康是快乐之源

健康是人快乐生活的源泉。健康不能代替一切，但是要创造更多的社会价值，享受生活的乐趣，就必须珍惜健康，学会健康生活。身体好了，一切都有机会。

健、康、智、乐、美、德六字组成了现代社会的"大健康"概念，并被视为幸福人生的最佳境界。人生是否快乐幸福，或许有很多衡量标准，而健康永远被列在第一位。

◎ 健康是家庭之根

如果身体不好，经常患病，特别是重症疾病，会严重影响健康，给患者及其家人带来极大的痛苦。

所以，身体健康对家庭来说十分重要。应当采取多元化方法，保证全家人的身体健康。

爱自己的身体，爱自己的健康，然后再用好体力、好精力、好心情好好爱你的家庭，成为家庭完整与幸福的强大支撑。

◎ 健康是财富之神

高尔基说："健康就是金子一样的东西。"健康比任何东西都珍贵，千金难抵，万贯莫换。世上最亏本的买卖，就是用健康去换取其他东西。没有健康的身体，再昂贵的东西都无福消受。

财富有很多种，健康最珍贵。美国作家拉尔夫·沃尔多·爱默生说："健康是人生的第一财富。"英国作家塞缪尔·约翰逊说："健康当然比金钱更为可贵，因为我们所赖以获得金钱的，就是健康。"

所以，既要好好工作，也要好好休息，爱护身体。无论一个人走得再远，飞得再高，健康一定是此生最值得投资的。

◎ 健康是精神之柱

法国文学家、思想家罗曼·罗兰说："强健的体魄恢复时，智力和创造力才会再生。"英国哲学家弗朗西斯·培根说："健康的身体乃是灵魂的客厅，有病的身体则是灵魂的禁闭室。"有健康的身体，才能更积极地生活。

新的时代，对健康的定义更强调了精神要素，即健康是生理、心理、社会、环境四者的和谐统一。身体健康，应该包含一个人在身体、精神和社会等方面都处于良好的状态。一个人的身体和精神是完全合一的，即所谓的"身心"。身心健康是一个人正常学习、工作和生活的必备条件。身体健康与心理健康是相辅相成、互相影响的，且又影响着人际关系和谐与否，尤其是信心和勇气两种心理状态，直接关系到事业的成败。

第二节 保持健康的举措

◎ **学会健康管理**

每一个人都是自己健康的第一责任人,要学会健康管理,做好自我健康管理计划,将理念变为行动,避免和延缓疾病的发生,获得高品质人生。

理解健康管理的核心思想。健康管理的核心是以预防和拦截健康问题为主,分析和评估一个人患疾病的可能和因素,然后做出干预,以便及时预防和改善,将疾病扼杀在摇篮中。健康管理能使"曾经的病"继续康复,"未知的病"不再发展,"已知的病"逐渐消失,"小毛病"在萌芽期夭折。

明确健康管理的根本目的。健康管理适用于所有人,其目的在于使人们更好地恢复健康,保持健康。

了解健康管理的发展趋势。传统的健康管理体系正随着"物联网+健康管理"的时代来临发生转变,由云计算和大数据等驱动的健康管理将会逐渐成熟并逐步探索出新的服务模式。

坚持健康管理的基本原则。健康管理应坚持以下原则:主动做好自我健康管理计划,并严格执行;认真学习健康管理知识与方法;虚心接受医疗专家的建议;拥有人生价值和自己的爱好;活到老学到老;每年彻彻底底地做一次体检;保持规律的作息时间;多运动;多吃豆类、蔬菜;严格控制血糖值;早、中、晚用餐量 3 : 5 : 2 最为理想，不宜吃得过饱。

掌握健康管理的主要方法。健康管理可重点做好六字管理：一是学，学会自我健康管理与日常保健方法；二是改，改变不良的生活、饮食习惯；三是减，减少工作压力，减轻心理负担，减少熬夜；四是降，降低慢性病风险因素；五是增，增强体质，增添爱好，增加运动，增加社交，增宽视野；六是靠，依靠专业健康机构，辅助健康管理。

◎ 建立健康档案

我们可以从如下几点来着手，建立健康档案。

个人一般资料：包括姓名、性别、出生日期、血型、文化程度、职业、收入水平、婚姻状况、工作单位、工作年限、家庭住址、家庭成员、联系电话、医疗保障情况等。

生活习惯及嗜好：包括睡眠情况、饮食情况、锻炼情况、工作方式、是否饮酒、是否吸烟等。

既往健康状况：包括家族史、患病史、用药史、药物过敏史、月经史、生育史、手术史、职业病史、现病史（包括疾病的发生、发展、治疗和转化的过程及就诊史）等。

心理健康状况：包括对健康、疾病的认知，患病期间的情绪变化，个人的人格、气质等。

个人与家庭生活事件：如失业，车祸，离婚，家庭成员患病、去世等对生活产生严重影响的事件。

健康检查记录：周期性的体检报告、预防接种记录、健康问题记录、病历、CT、各项检查单据等。

◎ 坚持定期体检

借用电视剧里的一句台词："不要仗着自己年轻就随便糊弄自己，老了病根儿还在后头呢。"身体是有记忆的，它会记住你每一次的努力，会报答你每一次的呵护；身体也会记住你每一次的糟蹋，它会积聚报复的力量，时候到了，就以会排山倒海之力迸发，这就是"病来如山倒"。善待自己的身体吧，好好地养护它。

一个人步入社会后最好养成定期体检和专项筛查（如胃、肠镜检查）的习惯。这不仅是对自己的身体健康的维护，更是对家人负责。

如今，体检日益受到人们的重视。建议一般一年至少体检一次。通过定期体检可以及时发现身体的健康隐患或者已经存在的健康问题，并在医生的指导下，有针对性地纠正不良行为习惯和饮食习惯，及时干预、治疗，才能使自己的身体长期保持健康。

预防性筛检，提前或尽早发现异常指标。有很多疾病，没有明显的症状，在日常生活中不容易被发现，只有通过体检才能发现。某些恶性肿瘤、重大疾病，早发现可以早治疗。

定期体检可以发现亚健康情况。亚健康一般不会有明显的不适，但确实有很大的健康隐患。定期体检可以清楚身体的各项指标，还可以提前发现一些职业病迹象，以便预防和治疗。

通过定期体检掌握病情发展变化。对于慢性病患者，除了医院治疗、定期回诊和遵医嘱用药治疗，定期体检也是掌握病情发展的重要措施。

通过定期体检建立体检档案。体检档案可以对比定期体检的各项数据，这样一方面方便掌握健康状况，另一方面，万一有异常，可以及时咨询医生进行复查和治疗。

消除体检误区。不要有侥幸心理，觉得年轻就身体好，不需要检查，疾病不看年龄，只看身体状况；不要以为三五年检查一次就可以，应该每年都进行健康体检；体检时不能只重视大病，觉得小病可以不管，小病不注意会变成大病；体检时若出现指标异常，一定要复查，不要不当回事；体检报告单也要保存好，以便监测健康状况。

◎ 依靠专业健康管理

在身体健康这件事上，专业的事情最好交给专业的人去做。在做自我健康管理计划的同时，最好能请专业的健康管理人员，针对影响自己健康的风险因素进行分析与评估，对于可逆的健康风险因素进行干预，降低患病的风险。

专业的健康管理主要分为健康信息采集、健康检测、健康评估、个性化管理方案、健康干预五大部分。自我健康管理离不开专业健康管理支持。

◎ 做好健康监测

很多疾病早期都没有明显的症状，难以察觉，等到发现时可能为时已晚。所以，健康管理的关键在于做好日常健康监测及风险评估，只有全面了解个人的健康状况才能有效维护个人健康。我们在家里可以借助健康手表、血压仪、血氧仪等进行监测。

◎ 做到常感常新

做一个对日常生活有"常感常新"能力的人。心理健康的人有"常感常新"的能力，比如同一个月亮，每次欣赏都能感受到它不同的美。健康的人，对美的感受力不会停止，不会认为生活是乏味无聊的，这是健康人格的重要标准。一个健康的心灵，随时随地都会发现美，也会表达美。

◎ 增强目标感

无论是大目标还是小目标，无论是工作目标还是生活目标，无论是长期目标还是短期目标，每个人在每个人生阶段都要为自己设定目标，这就是方向感。有目标就有方向，才能坚持下去。

◎ 心以养身

保持良好的心态，就掌握了健康长寿的关键因素。良好的心态更有助于体内激素的平稳，也有助于增强免疫力，给身体带来诸多好处。所以，保持积极乐观的心态，有助于健康长寿。

健康包括身与心两个方面，而心理健康对身体健康影响巨大。古语有云："善养生者养内，不善养生者养外。"养生的最高境界是养心，积极的心态是最好的药物。

◎ 学以养身

现代科学研究发现，人体衰老的本质是细胞的衰老，尤其是脑细胞的衰老。经常读书，可以强脑，能消解烦恼，养护"精、气、神"，而良性精神刺激，可调节人体免疫能力。

《黄帝内经》就有"聚精会神乃养生大法"之说。清代学者李渔在《闲情偶寄》中说："予生无他癖，唯好读书，忧籍以释，牢骚不平之气籍以除。"英国诗人塞缪尔·泰勒·柯勒律治也说："一本好书就是药房，它的每一篇就是药粒，且药效持久。"

人的身体在很大程度上受心灵支配，忧虑过度往往会致病。而读书可以让你更透彻地看待这个世界，让你用心平气和的态度去解决问题。读书有助于拓展心智，使我们更有思想、更有追求，读书已被证明可以让我们的头脑保持年轻、健康和敏锐。可以说读书就是性价比最高的养生。

◎ 乐以养身

"笑一笑，十年少；愁一愁，白了头。"笑是一种积极的情绪，脸上经常有笑容的人，心态通常都比较好。笑对身体很有好处，它能帮助人应对负面情绪，预防疾病等。笑容也容易感染周围的人，让气氛更加轻松。

◎ 和以养身

平和心态是指一个人尽量少生气或不生气，用平常心看待人生，用和谐心境对待世界。生气对身体造成的伤害非常大。

生气伤"心"。盛怒中的人，心脏血流速度会加快，会让心脏及周围血管迅速收缩，长期如此，对心脏有危害。

生气伤"肝"。中医学有"怒伤肝"的说法，经常生气发怒会导致肝气郁结，长此以往容易引起肝病。

生气伤"胃"。"气得吃不下饭""气饱了"，这些可不仅仅是形容词。事实上，生气会导致消化不良，食欲不振，胃口变差，造成自己饮食不规律，肠胃出现不适，久而久之可能引发胃痛。

生气伤"肺"。很多人在大发一通脾气后，会感觉到胸口痛，这时疼的其实是肺，所以才会有"肺要气炸了"的说法。

生气伤"脑"。生气时，人的血压会在短时间内迅速上升，会对脆弱的脑血管形成压力。

◎ 勤以养身

勤以养身与下文"逸以养身"并不矛盾，关键是要把握好度。法国作家巴尔扎克说："有规律的生活原是健康长寿的秘诀。"

生活充实的时候，可以忘记自己的烦恼，忘记自己的年龄，这对身体健康有益。让自己勤奋充实起来，忙着读书、忙着工作、忙着考证、忙着健身、忙着做家务、忙着旅游、忙着学书法、忙着辅导孩子等。

◎ 逸以养身

工作与学习被认为是长时间、高强度、消耗精力的事情，极其容易消耗人的体能，因此产生疲劳、麻木、倦怠等情绪，这些情绪反过来也会影响人的工作和学习。随着竞争愈来愈激烈，上班族工作压力越来越大，工作节奏日趋紧张，精神上容易产生巨大压力，精神上和身体上的超负荷状态对健康非常不利。如果不注意休息和调节，中枢神经系统持续处于紧张状态会引起心理过激反应，久而久之可产生各种身心疾病。

要消除疲劳感和倦怠感，需要心理上的扫除，也需要生理上的放松。因此，必须劳逸结合，张弛有度，该勤奋的时候勤奋，该休息的时候休息。这样不仅可以事半功倍，还能避免劳累，保存体力。

◎ 动以养身

运动能很好地控制体重，能让身心保持年轻，充满朝气，还能锻炼自己的意志力。一个人无论再忙，都要抽出时间来运动。比如，每天运动半小时，而非周末高强度运动 3 小时。运动方式可以因人而异，运动时间也可灵活安排，最关键的是要能长期坚持。

◎ 静以养身

动以养身与静以养身相辅相成。诸葛亮在《诫子书》中说："非淡泊无以明志，非宁静无以致远。"守住心灵的清静，才能保持内心的至真至纯、至善至美，获得健康的身心。以静养身，是人类养生的一大特点。静其心，可以减少心理疾患，调节情感活动，实现心理平衡；静其心，可以减少无效社交，优化人际关系，实现互谅互敬；静其心，可以减少精神内耗，养气补神。

◎ 美以养身

读美文。如果你看到一篇好文章、一本好书，马上如饥似渴地去阅读、学习，说明你的脑功能健康，愿意不断成长，跟得上时代潮流。

吃美食。如果你看到一种美食，马上感到有兴趣起来，什么味道都想、都愿、都会去品尝一下，说明你的胃功能健康，生存能力特强。

赏美景。如果你回到了一个老地方，或到了一个陌生的地方，或新的景点，马上兴奋起来，世界那么大，都想、都愿、都会去看看，说明你的心理健康，你会用美好的心态去欣赏世界。

◎ 友以养身

英国牛津大学进化心理学家罗宾·邓巴说过："聪明的生物才具有交朋友的条件，而我们人类正是其中的佼佼者。"拥有知心朋友，对身心健康、工作、事业、家庭都有很好的影响。

交朋友让自己的身心都受益。与朋友分享愉悦，能让快乐加倍；与朋友分担困苦，能使忧愁减半；在朋友那里，我们获得支持，能够共同保持健康生活习惯。

◎ 食以养身

养生之道，莫先于食。合理的饮食可以使人身体强壮，益寿延年。遵循健康的饮食法则，可以享受健康人生。一日三餐，定时定量，保持食物多样，营养均衡，才能达到促进健康的目的。

《中国居民膳食指南（2022）》，为帮助人们做出有益健康的饮食选择和行为改变，提炼出了核心准则：食物多样，合理搭配；吃动平衡，保持健康体重；多吃蔬果、奶类、全谷、大豆；适量吃鱼、禽、蛋、瘦肉；少盐少油，控糖限酒；规律进餐，足量饮水；会烹会选，会看标签；公筷分餐，杜绝浪费。

◎ 睡以养身

清代学者李渔说："睡眠能养精养气，能健脾益胃，亦能健骨强筋，故养生之诀，当以睡眠为先。"英国作家尼克·利特尔黑尔斯在《睡眠革命》中说："一个真正厉害的人，会主动控制自己生活的节奏，提高自己的睡商，如此才能永远以积极的心态应对工作和生活。"

好好睡觉，是珍惜生命的最好方式，也是对身体最好的养护。睡眠可以消除疲劳、恢复体力，是调节各种生理机能的重要环节，还可以保护大脑，增强免疫，促进发育，利于美容。一夜好眠，精神百倍。

睡眠好坏，影响情绪好坏；睡眠质量，体现身体"质量"。有句话说得好，睡前放下一切，醒来便是新生。无论前一天有多劳累，只要晚上及时休息，保持充足的睡眠，精神就能得到恢复。

第九章

问旅行——环游世界的智慧

第一节　旅行收获

◎ **旅行会让你收获满满**

旅行的收获到底有哪些？难道仅仅是为了欣赏沿途的风景吗？旅行不仅是享受的过程，也是寻找、探索、学习、体验的过程。旅行会增加你难忘的体验感、满满的幸福感与美好的回忆；会教你了解、认识不同的世界、不同的文化、不同的人与不同的自己；会让你变得更加开朗、宽容、自信、独立；会让你获得更宽广的视野、更丰富的知识；会锻炼你的意志、能力与耐力；会提升你的社交能力；会激发你的人生动力。

旅行不但能改变你的世界观，也会改变你的人生观，还会改变你的价值观与家庭观。比如同家人一起旅游，你会发现，无论何时何地，只要一家人在一起，家就在那里，让你对家的意义有更丰富的理解。如果你有时候觉得人生无趣，不如试着走出现在的圈子，去旅行，去看看外面无奇不有的大千世界。

◎ 旅行会让你见多识广

读书，是向内旅行，去往精神世界；旅行，是向外读书，探索天地苍穹。旅行之意义并不是告诉别人"这里我来过"，而是一种见识和认知的改变。

旅行不是万能药，解决不了你所有的问题，却能让你的世界与别人不一样，更能开阔你的眼界、增长你的见识。每个人的旅行都是独一无二的，既有赏心悦目的美景，又有令人垂涎欲滴的美食，还有无穷的趣事。

◎ 旅行会让你提升审美品位

古罗马哲学家奥古斯狄尼斯说："世界是一本书，而不旅行的人们只读了其中的一页。"旅行可以看见不同的风景，不同的世界，不同的人群，世界就像是一本古朴而典雅的线装书，我们每往前走了一步，这本书就多翻开了一页。

在欣赏美景、品味美景中，内心随之也沉淀出更多美好的内涵，促进人的审美品位的提升。

◎ 旅行会让你重新认识自己

旅行，能让你跳出原有的圈子，可以让你重新认识自己的潜力、自己的不足、自己的强大、自己的坚韧、自己的脆弱，从而看懂自己；旅行也会暴露你的一些缺陷，让你及时进行自我修正。旅行是与当地的建筑、人文、环境、人性、历史的对话，也是与自己对话。

旅行，改变了我们看待世界、看待时间、看待自己的方式；旅行，就是向内求索，向外连接，是一场认识自己的修行。一个人在旅行中，不仅是用脚去旅行，更是用心去旅行、用思想去旅行，可以享受在路上的经历，感受心理、地理、道理三理合一的经历，让自己成为一个真正的读路者，成为增长见识与学习真理的人。

◎ 旅行会让你变得更加自信独立

很多人说，旅行就是离开自己熟悉的地方，去一个陌生的地方，给自己找各种事情做，如果遇到突发事件，还能考验自己独立解决问题的能力。

如果你选择独自出游，出行前要有安排，保证出去后遇到各种事，都能在一个陌生的环境里解决。从出发到结束，行程的安排，节奏的快慢，处理杂务，都需要自己独立面对，或许你以前从来没有经历过这些，但旅行对你来说就是一个人的主战场，所以，你必须学会独立坚强，必须增强自信心。

旅行中，当你越过千山万水，独自面对陌生未知的世界，当你经历过人生中的第一次出国自由行，第一次徒步，第一次蹦极，第一次潜水，第一次自己去解决航班延误、水土不服、钱包被窃等问题，你会发现，原来一切都没有那么艰难。成长有时候就在一瞬间，决定了，就去做，做了，就成长了，也就更自信了。

◎ 旅行会让你变得更有趣、更有涵养

有人觉得旅行太累，不如在家休息。你躺在沙发上刷视频时，永远不会明白行走在旅行途中能带给你什么改变。经常旅行的人见过更多的世面，经历过更多的人情冷暖。通过旅行，你的经验多了，阅历多了，见识长了，你的气质和涵养自然也会产生变化。那是由内而外的魅力，是与人一生相随的东西。旅行开阔了你的眼界、开拓了你的心胸，滋养了一颗有趣、有涵养的灵魂。

◎ 旅行会让你变得更有远见

见识决定了人的格局，格局气度又决定人的一生。这一生，你的眼界决定你人生的高度。旅行教会你从无字处读书，不再做井底之蛙，感受天地之广阔，也能让你变得更有远见。

世界那么大，你应该去看看。你看到的越多，思考的就越多，眼界就会越宽，原来这世界的风光、环境、人群有这么多不同。旅行或许不会在短时间内改变你的认知，但是走得久了，看得多了，你的眼界和格局自然会变得不一样了。

◎ 旅行会让你带走负面情绪，丰富内心世界

旅行能让人暂离原有的高楼林立、车水马龙、人情世故，催人思索。旅行过程中更容易让人倾听自己内心的声音，那些原本

容易停顿的内心求索可以不断深进。很多人在旅行回来之后，发现其带来的情绪稀释作用非常大，自己的身心更舒畅，内心世界更丰富。

◎ **旅行会让你结交更多朋友**

旅行不仅是一种拓宽视野和认识新事物的好方式，也是一种结交新朋友的好途径。

在旅行中，我们可以遇到各种各样的人，大家因为共同的喜好而聚在一起，从陌生人变成好朋友；旅行可以让我们接触不同的社会群体，拓宽自己的边界。例如，在旅行中，可以结交当地人，交流彼此的文化、思想，培养友谊和合作精神。

第二节　旅行意义

◎ **旅行会让你看到世界就在你眼前**

旅行，让很多东西近在眼前，你可以看到文字无法描述的美好；隔着屏幕无法体验的，你可以身临其境。

你要知道，世界太大，而我们太小。你需要多出去看看不同视角的世界。见得越多，体验得越多。当你真正去体验这个世界的美好或者不美好，心就会变得更包容，烦恼就可能变小。

◎ **旅行会让你眼明心亮**

明代书画家董其昌说过："读万卷书，行万里路，胸中脱去尘浊，自然丘壑内营。"这句话的字面意思是，读书越多，看得越多，作画时很自然的就能出佳作。而其背后隐藏的含义，简单地说就是，当你切实体验了这个世界，在做任何事的时候，都会越加清醒明亮，胸有成竹。

作家周国平说："每个人都睁着眼睛，但不等于每个人都在看世界。许多人几乎不用眼睛看，他们只听别人说，他们看到的世界永远是别人说的样子。"把自己关在家里，每天只盯着手机屏幕，在精修过的图片中冲浪，就是将自己屏蔽于外界的锤炼之外。

通过旅行，我们可以让自己在旅途中观察、实践、感受，去触摸真实的生活，体验真实的世界。我们的身心要放置到浩渺天地间，才得以滋养和锻炼；我们的格局，需要用脚下的路来打开。行万里路，就是在阅世中见天地，见众生，见自己。

◎ **旅行会让你看到不一样的风土人情**

如果不走出去，也许你永远都体会不到世界有很多人，他们用五花八门的方式生活着，拥有不一样的价值观，不一样的生存环境，不一样的民族特色，不一样的生活模式。无论你理解或是不理解，如果你不走出去，就不会遇到他们。你也会发现，有很多人与你认为正确的生活方式与价值观完全不一样，但他们也生活得挺好的。

每一个国家，每一座城市，都像一个人，既相同，又相异，有着独特的属于自己的个性标签。有的国家或城市因繁华而闻名，有的国家或城市有很浓的文艺色彩，有的国家或城市有着它深厚的历史底蕴与文化。旅行既可以看到不同的国家或城市，还可以看到不同国家、不同城市、不同人的不同生活，让你体验到不同的人生。

◎ 旅行会让你更好地探索、学习新知

旅行的本质是一种探索与学习，只不过你可以顺便品尝特色美食、欣赏独特风景。例如，在旅行之前，花时间准备攻略，了解你要去的地方的历史、人文、景色等，这就是一个探索、学习的过程。

其实，当你到了一个陌生的地方，如果你真的用心去观察和了解，就会有很多出乎意料的收获，这些收获会补充你的知识短板，会打开你的思维，让你对日常生活有另一种理解。

旅行可以扩大视野，增加人们对新事物的认识和了解，提升文化素养，使人们拥有更广泛的知识和经验。旅行和学习结合，

可以让我们看到多样的世界观，从而建立多元的价值观。

　　看得越多，思考得越多。当一个人见过世界的广阔、不同的生活环境，知道了人生更多的活法，便会慢慢思考自己真正要过什么样的生活。旅行不仅让我们看到了人生更多的可能性，也让我们开始重新思考人生的意义。

◎ 旅行会丰富你的阅历，给你满满的回忆

　　通常而言，旅行是一种有趣而美妙的人生体验，不仅能放松身心、放空大脑，更能让我们从不同的角度去观察、感受世界，从而获得未曾有过的新阅历。这种新的阅历不仅带给我们美好的回忆，还能激发我们的创造力和解决问题的能力，培养灵活的思维方式。

　　如果人生没了旅行，你怎么知道外面的世界到底有多大？如果人生没了旅行，你怎么能身临其境，感受山河的壮美？如果人生没了旅行，你怎么能感受到世界如此不同而又如此精彩？其实，旅行的意义很简单，就是既让你能及时享受生活的美好，还能让你每每想起来时有嘴角上扬的幸福。

第三节　旅行攻略

◎ **旅行攻略的好处**

"工欲善其事，必先利其器。"旅行攻略，就是一份实用贴、一份干货，侧重功能性，能给自己和别人旅行带来帮助。

增强体验感。做旅行攻略能让我们对将要去的陌生地方有个基本的了解，包括旅游资源、交通条件和当地消费水平等，为了解当地景点情况、历史文化、习俗、风土人情做铺垫，提前做好功课，具有前瞻性和可操作性，有助于增强旅游体验感。

可以提高旅行效率。能帮自己在有限的旅行时间内合理分配、节约时间成本，尽量做到合理安排，保留好体力与精力，以及避免临时出现巨大变动所造成的漫无目的、手足无措的情况，从而寻找更多的乐趣，大幅度提升旅行幸福感。

可以合理安排旅行财务预算。可以借鉴"过来人"的经验，节省消费成本，避免踩一些不必要的雷，减少花冤枉钱的错误。

避免慌乱。提前了解旅行的注意事项，提前做好应对预案。

◎ **旅行攻略的内容**

了解旅行目的与同行人，确定旅行方式与时间。首先，要明确此次旅行的形式，是休闲游，还是学习游；是夫妻游，还是亲子游；是深度游，还是打卡游；等等。第二，要明确此次旅行的同行人，是自己一个人，还是与家人或是与朋友。第三，要确定旅行方式。包括全自助游、半自助游、跟团游、自驾游、骑车游等。第四，要选择旅行时间，短期、长期、季节、月份、起始时间和结束时间及预留时间。

了解旅行景点与地点情况，选择旅行线路。要根据自己目的地的情况，参考他人的旅游攻略，多选择几条旅行路线。

了解旅行目的地的自然地理与社会经济条件，确定旅行交通工具。在景点与景点之间，一个地点到另一个地点之间，用何种交通工具更快捷、更方便或者更省钱，这也是一份优秀的旅行攻略要解决的问题。

了解旅行住宿与美食条件，确定住宿类型与就餐地点。对住宿类型、档次、价格、环境、住宿地点与景区的距离、交通等问题要认真考虑好。还要有详细的美食或者就餐地点备选。

了解旅行国家与地点，确定携带旅行文件。每个国家对旅行文件都有不同的要求，一定要事先找权威机构与专业人士详细咨询，准备好旅行文件清单。

了解旅行季节与天气情况，选择准备旅行物品清单。注意因地制宜。

了解旅行可能遇到的突发情况，提前制订解决预案。一定要有特别的注意事项标明。每个旅行地点的气候、人文特点都不一样，如去高原地区要注意高原反应，去民族地区要遵守当地的礼节，去一些国家要注意宗教信仰、社会治安、战乱问题等，最好提前学习防骗知识。

了解自己与家庭经济情况，确定旅行财务预算安排。旅行财务预算包括交通费、住宿费、饮食费、门票费、旅行社报团费、签证费、购物款、其他开支及额外开支。一般根据自己与家庭的财务情况，量力而行。

◎ 旅行攻略的制订

制订一份逻辑清晰、条理分明、合情合理的旅行攻略，我们可以适当借助一些工具，同时也要注重细节，灵活应对。

充分运用网络工具。使用一些可靠的 App 或旅行网站搜集资料。不管哪种网络工具，对于整合资源信息都会有很大帮助。

学会运用表格管理。制订旅行攻略建议最好运用表格，表格更加简洁明了，一目了然，使用方便。

高度注重细节问题。旅行攻略从头到尾都是细节，大到旅行路线与旅行方式的选择，小到物品清单与吃喝拉撒睡，所有的方案越细致、越具体越好。

及时进行动态调整。旅行攻略不是一成不变的，也不是一劳永逸的。有时旅行途中会遇到一些人为的或不可抗力的变化，一定要对旅行攻略及时进行动态调整，不断修改完善。

参考文献

1. ［美］阿图·葛文德. 清单革命［M］. 王佳艺，译. 杭州：浙江人民出版社，2012.
2. ［美］米哈里·契克森米哈赖. 心流：最优体验心理学［M］. 张定绮，译. 北京：中信出版社，2017.
3. 明静. 人生悟谈［M］. 上海：上海三联书店，1999.
4. 许海，王飞. 生命使用说明书［M］. 北京：中国国际广播出版社，1999.
5. 王志刚. 成大事必备九种能力［M］. 北京：企业管理出版社，2002.
6. 成晓军，唐兆梅. 曾国藩家训［M］. 重庆：重庆出版社，2006.
7. 章悦. 富人理财道与术［M］. 长春：吉林出版集团有限责任公司，2011.
8. 曾国藩. 曾国藩家书［M］. 西安：三秦出版社，2018.
9. 巴伦一. 做卓越的银行客户经理：实战营销36课[M]. 北京：北京联合出版社，2021.